ÉLÈMENTS
D'HISTOIRE NATURELLE
DES VÉGÉTAUX

A LA MÊME LIBRAIRIE

OUVRAGES DU MÊME AUTEUR

LA SCIENCE ÉLÉMENTAIRE
LECTURES POUR TOUTES LES ÉCOLES

COURS COMPLET DE SCIENCES

ENSEIGNEMENT SPÉCIAL

ENSEIGNEMENT PRIMAIRE

COURS COMPLET D'INSTRUCTION ÉLÉMENTAIRE

PARIS — IMPRIMERIE ÉMILE MARTINET, RUE MIGNON, 2

ÉLÉMENTS

D'HISTOIRE NATURELLE

DES VÉGÉTAUX

OUVRAGE RÉDIGÉ

Conformément au programme officiel du 2 août 1880

PAR

J.-Henri FABRE

Docteur ès-sciences

CLASSE DE HUITIÈME

DEUXIÈME ÉDITION

PARIS

LIBRAIRIE CH. DELAGRAVE

15, RUE SOUFFLOT, 15

1882

ÉLÉMENTS
D'HISTOIRE NATURELLE
DES VÉGÉTAUX

INTRODUCTION

1. Fleur de la Nielle. — **Calice et corolle.** — Voici la fleur de la Nielle des blés, commune dans les moissons avec le Bleuet et le Coquelicot. Au dehors sont cinq pièces de couleur verte et de consistance ferme, qui, réunies entre elles inférieurement, se terminent, à la partie supérieure, en lanières longues et pointues. Chacune de ces pièces se nomme *sépale*, et leur ensemble forme ce qu'on appelle le *calice*. Au dedans se trouvent cinq autres pièces, minces, larges et de couleur violacée. Chacune d'elles porte le nom de *pétale*, et leur ensemble celui de *corolle*.

La plupart des fleurs ont deux enveloppes analogues, contenues l'une dans l'autre. L'extérieure, ou le calice, est presque toujours de couleur verte et de structure ferme ; l'intérieure,

Fig. 1. — Nielle.

ou la corolle, de consistance bien plus délicate, est embellie de ces magnifiques teintes qui nous plaisent tant dans les fleurs.

Les sépales du calice et les pétales de la corolle sont tantôt séparés l'un de l'autre et tantôt soudés entre eux

FABRE. — Végétaux. 1

Dans la Nielle, les sépales se réunissent inférieurement en un fourreau commun, tout hérissé de cils, que l'on prendrait pour une pièce unique ; mais, dans leur partie supérieure, ils se séparent en cinq lanières pointues, montrant que le calice est en réalité composé de cinq pièces. Quant à la corolle de la Nielle, on y reconnaît cinq pièces, cinq pétales distincts l'un de l'autre, sans aucune soudure.

2. Fleur de la Campanule. — Au contraire, dans la fleur de la Campanule (fig. 2), les cinq pétales dont la corolle se compose sont unis par les bords et forment une belle cloche bleue, qui semble formée d'une seule pièce. Les cinq larges dents qui bordent l'ouverture de la cloche montrent néanmoins que la corolle est réellement com-

Fig. 2. — Fleur de Campanule.

posée de cinq pétales, dont ces dents sont la terminaison.

Ainsi, lorsque les pièces du calice ou de la corolle s'unissent, se soudent par les bords et semblent former un tout indivisible, il suffit de reconnaître les échancrures, les dents, les festons que présente l'orifice, soit du calice, soit de la corolle, pour savoir le nombre réel de sépales ou de pétales assemblés entre eux.

3. Rôle du calice et de la corolle. — Le calice et la corolle sont le vêtement de la fleur, vêtement double où se trouvent à la fois la solide étoffe qui garantit des intempéries, et le tissu fin qui charme les regards. Le calice, vêtement extérieur, est de forme simple, de coloration modeste, de structure robuste, comme il convient pour résister au mauvais temps. C'est à lui que revient de protéger la fleur non encore épanouie, de la défendre du soleil, du froid et de l'humidité. Examinons un bouton de Rose, et nous verrons avec quelle précision minutieuse les cinq sépales du calice se rejoignent pour recouvrir le reste. La moindre goutte d'eau ne pourrait pénétrer à l'intérieur, tant leurs bords sont soigneusement assemblés. Il y a des fleurs qui, tous les soirs, ferment leur calice et s'y replient pour se garantir de la fraîcheur.

La corolle, ou vêtement intérieur, à la finesse du tissu unit l'élégance de forme et la richesse de coloration. Elle est pour la fleur ce qu'est pour nous une parure de noces. C'est elle surtout qui captive les regards, à tel point que d'habitude nous la considérons comme la chose principale de la fleur, tandis qu'elle est un simple accessoire ornemental.

4. **Fleurs sans corolle.** — Des deux enveloppes, la plus nécessaire est le calice. Aussi beaucoup de fleurs sont dépourvues de l'agréable, de la corolle ; mais elles possèdent l'utile, le calice, qui, dans sa plus grande simplicité, peut se réduire à une toute petite feuille en forme d'écaille.

Les fleurs sans corolle restent inaperçues, et les végétaux qui les portent nous paraissent ne pas fleurir. C'est là une erreur : tous les arbres, toutes les plantes, fleurissent, même le Saule, le Chêne, le Peuplier, le Pin, le Hêtre, le Froment, et tant d'autres dont la plupart d'entre nous ne connaissent pas encore les fleurs. Tous ces végétaux fleurissent ; leurs fleurs sont même extrêmement nombreuses ; mais, comme elles sont fort petites et dépourvues de corolle, elles échappent au regard inattentif. Il n'y a pas d'exception : toute plante a ses fleurs.

5. **Étamines.** — Qu'y a-t-il sous les enveloppes que nous venons d'étudier ? Pour l'apprendre, examinons ensemble une fleur de Lis, choisie de préférence à toute autre à cause de son ampleur, propice à l'examen. Cette fleur n'a pas de calice, mais elle possède une superbe corolle formée de six pétales gracieusement courbés en dehors et plus blancs que l'ivoire. Enlevons ces six pétales. Ce qui reste maintenant est l'essentiel, c'est-à-dire la chose sans

laquelle la fleur ne remplirait pas son rôle de fleur, enfin ne donnerait pas de fruits. Passons avec soin la revue de ce reste. Cela en vaut la peine, ainsi que nous allons le voir.

Il y a d'abord six petites baguettes blanches, surmontées chacune d'un petit sachet plein d'une poudre jaune. Ces six pièces se nomment *étamines*. On en trouve dans toutes les fleurs, tantôt plus, tantôt moins ; pour sa part, le Lis en a six.

Le sachet qui surmonte l'étamine se nomme *anthère*. La poussière contenue dans l'anthère s'appelle *pollen ;* c'est elle qui nous barbouille le nez de jaune quand nous flairons un Lis. Enfin, la fine baguette blanche qui supporte l'anthère et son contenu le pollen, est le *filet*.

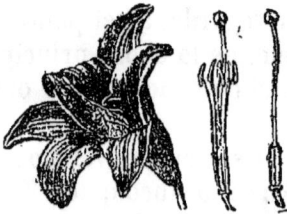

Fig. 3 — Fleur du Lis.
Étamines et pistil.

6. **Pistil.** — Les six étamines enlevées, il reste un corps central, renflé en bas, rétréci dans le haut en un long filament et surmonté d'une espèce de tête humectée d'une humeur visqueuse. En son ensemble, ce corps central prend le nom de *pistil*. Son renflement d'en bas s'appelle

Fig. 4. — Ovaire du Lis coupé en travers.

ovaire, le filament qui le surmonte prend le nom de *style*, et la tête visqueuse qui termine ce filament se nomme *stigmate*.

Avec un canif, coupons l'ovaire en travers. Nous y reconnaîtrons trois compartiments rangés en rond ; et dans ces compartiments, de petits grains rangés en file. Ce sont là les futures graines de la plante. Pour le moment elles portent le nom d'*ovules*.

L'ovaire est donc la partie de la fleur où se forment les

semences. A un certain moment, la fleur se flétrit ; les
pétales se fanent et tombent ; le calice en fait autant, ou
quelquefois reste pour continuer son rôle protecteur ; les
tamines desséchées se détachent ; seul l'ovaire reste,
grossissant, mûrissant et devenant enfin le *fruit*.

7. **Origine du fruit.** — Tout fruit, poire, pomme, abricot, pêche, noix, cerise, melon, raisin, amande, châtaigne,
a débuté par être un petit renflement du pistil ; toutes ces
excellentes choses que la plante nous fournit pour nourriture ont été d'abord des ovaires. Mais le mot fruit ne s'entend pas seulement du produit de la fleur bon à manger,
il se dit aussi de ce qui contient les semences destinées
à multiplier, à propager la plante. Tout végétal a son fruit,

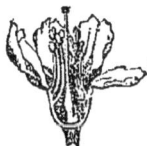

Fig. 5. — Fleur
ouverte de l'Abri-
cotier.

Fig. 6. — La pomme.

Fig. 7. — Une fleur
du Froment.

sans valeur alimentaire pour nous dans l'immense majorité
des cas.

Or, tout fruit, comestible ou non, est d'abord l'ovaire
d'une fleur. La poire, la pomme, la cerise, l'abricot, en
particulier, sont en débutant le tout petit ovaire de leurs
fleurs respectives. La figure 5 nous montre, par exemple,
l'abricot dans sa fleur. Au centre se reconnaît le pistil,
qu'entourent de nombreuses étamines. La tête qui se termine en haut est le stigmate ; le renflement qui le termine
en bas est l'ovaire, c'est-à-dire l'abricot futur. Cette petite
chose verte, en forme de mamelon pointu, serait devenue
un abricot plein de jus sucré. Une pareille petite chose
verte fait la grosse poire fondante, la pomme parfumée,
l'énorme citrouille.

Voici maintenant (fig. 7), isolée à l'aide de la pointe d'une aiguille, l'une des nombreuses fleurs dont l'ensemble forme l'épi du Froment. Deux petites écailles lui servent de corolle. Aisément on reconnaît trois étamines pendantes, avec leur anthère à double sachet plein de pollen. Le corps principal de la fleur est l'ovaire ventru qui, devenu mûr, serait un grain de blé. Il est surmonté du stigmate façonné en double plumet d'une exquise élégance. Telle est la petite et modeste fleur qui nous donne le grain d'où la farine et puis le pain.

PREMIÈRE PARTIE

DICOTYLÉDONES

CHAPITRE PREMIER

LA GRANDE PERVENCHE. — LE LAURIER-ROSE

1. Pervenche. — En avril et mai, dans les haies, les broussailles, au pied des murs et des rochers, une plante frappe le regard par ses longues tiges menues et flexibles, son feuillage d'un vert lustré, et surtout par ses amples fleurs d'un bleu violacé. C'est la *Pervenche*, dont nous distinguerons deux espèces, la grande Pervenche, répandue dans le midi et le centre de la France, et la petite Pervenche, plus commune dans le nord. C'est dans l'une et dans l'autre même aspect général, même feuillage, même fleur, sauf les dimensions qui sont de beaucoup moindres dans la petite Pervenche.

Les tiges sortent de terre plusieurs ensemble et forment des touffes. Aussi menues qu'une paille, longues et sou-

Fig. 8. — La Pervenche.

ples, elles n'ont pas la force de se soutenir droites, aussi prennent-elles appui sur les broussailles voisines, s'emmêlent dans la ramée, mais sans s'y enrouler, comme le font d'autres plantes. Si cet appui leur manque, elles traînent à terre, et c'est ce qui arrive pour la petite Per-

venche encore plus souvent que pour l'autre. Si le sol est frais, ces tiges traînantes s'y enracinent plus ou moins loin de leur point de départ et donnent ainsi naissance à de nouveaux pieds.

2. Feuilles. — Les feuilles sont d'un vert sombre, coriaces, lisses et luisantes. Elles diffèrent un peu de forme, suivant l'espèce. Dans la petite Pervenche, elles ont la forme d'un fer de lance, la forme d'un ovale rétréci en pointe aux deux bouts; dans la grande Pervenche, elles sont échancrées à la manière d'un cœur.

Remarquons encore que les feuilles ne sont pas distribuées au hasard sur la tige; elles sont disposées toujours deux par deux, en face l'une de l'autre, ou, comme on dit en botanique, elles sont *opposées*.

Elles se rattachent à la tige par une courte queue. Désormais nous désignerons la queue d'une feuille, quelle qu'elle soit, par le terme de *pétiole*. Au pétiole fait suite la partie élargie de la feuille, partie que l'on appelle *limbe*. Dans ce limbe nous distinguerons deux faces, celle d'en haut, regardant le ciel, ou *face supérieure*, et celle d'en bas, regardant la terre, ou *face inférieure*. Un peu d'attention nous montrera que dans les feuilles de la Pervenche, la face supérieure est d'un vert un peu plus foncé que la face inférieure. Ce fait-là est général : dans toute feuille, la face supérieure, qui reçoit le soleil, est plus verte que la face inférieure, où la lumière du soleil n'arrive pas.

Examinons encore la feuille de la Pervenche. On voit dans son épaisseur de menus filaments, qui se ramifient, de plus en plus fins, et dont le principal est comme la continuation du pétiole. Ces filaments se nomment *nervures;* ils forment en quelque sorte la charpente de la feuille. Celui du milieu, continuation du pétiole, se nomme *nervure primaire*, ceux qui en partent se nomment *nervures secondaires*. De celles-ci en naissent d'autres plus fines, qui en produisent de plus fines encore, et ainsi de suite, de manière que le tout finit par former un réseau à mailles très menues, réseau visible quand on regarde la feuille à travers le jour.

Pour en finir avec la feuille, remarquons que, dans son contour, le limbe ne présente aucune découpure, pas même de simples festons dentelés. Dans ces conditions-là, on dit que la feuille est *entière*.

3. **Fleur. Calice.** — Arrivons à la fleur, autrement remarquable. Aisément on y reconnaît les deux enveloppes dont nous avons parlé, le *calice* et la *corolle*. Le calice est vert. Il se prolonge dans le haut en cinq lanières pointues, signe des cinq sépales qui entrent dans sa constitution; en bas, il forme un godet, plus profond que large, que l'on prendrait pour une pièce unique si l'on n'était averti par les cinq lanières le surmontant. Ces cinq lanières nous dénotent cinq sépales, soudés entre eux à la base et libres dans le haut. Pareille disposition fréquemment se présente; nous l'avons constatée dans la fleur de la Nielle, qui nous a servi de point de départ. Une expression est donc nécessaire, disant en un mot que les sépales du calice sont soudés l'un à l'autre. Eh bien, toutes les fois que les sépales sont réunis par leurs bords, soit suivant toute la longueur, soit suivant une partie seule de cette longueur, on dit que le calice est *gamosépale*. Ainsi le calice de la Pervenche est gamosépale, et à cinq divisions.

4. **Corolle.** — Elle est d'un magnifique bleu violacé, du diamètre d'une pièce de cinq francs dans la grande Pervenche, moitié moindre à peu près dans la petite. On lui voit cinq pétales, étalés en une gracieuse roue dont les larges rayons sont obliquement tronqués, ce qui donne à la fleur de la Pervenche une tournure un peu exceptionnelle parmi les autres fleurs. Une légère infraction à l'habituelle régularité géométrique est ici une nouvelle source d'élégance. De plus, quand la corolle sort du calice sans être encore épanouie, elle est roulée en spirale comme si du bout des doigts on avait tordu les pétales ensemble.

Ces pétales sont au nombre de cinq, juste autant qu'il y a de sépales au calice. Cette parité n'est pas particulière à la Pervenche, nous en avons déjà vu un exemple dans la Nielle, et nous en trouverons plus tard bien d'autres. Nous pouvons dès maintenant formuler le résultat de nos obser-

1.

vations ultérieures, le voici : sauf de rares exceptions, le nombre des pièces de la corolle est égal au nombre des pièces du calice ; autant de pétales que de sépales.

Les cinq pétales de la pervenche, d'abord étalés à plat, brusquement se soudent entre eux pour former une sorte de profond entonnoir ou *tube* de la corolle, qui semble résulter d'une seule pièce. Ici donc les pétales sont réunis par le bord dans leur partie inférieure, comme le sont les sépales ; et pour ce motif, la corolle est qualifiée de *gamopétale*. Désormais nous appellerons corolle gamopétale toute corolle dont les pétales seront plus ou moins soudés entre eux. En résumé donc, la corolle de la Pervenche est gamopétale, à cinq divisions.

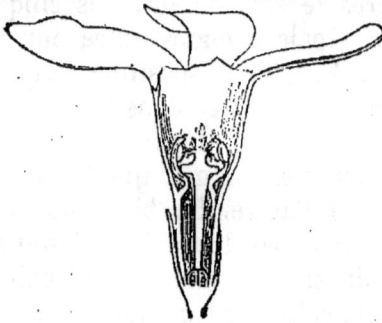

Fig. 9. — Pervenche, coupe de la fleur.

L'entrée du profond entonnoir que forment les cinq pétales réunis par leur base, se nomme la *gorge* de la corolle. On y voit cinq petites lamelles saillantes, cinq plis correspondant chacun à l'un des cinq pétales, dont ils sont une dépendance, une expansion. L'ensemble de ces rebords porte le nom de *couronne*. Bien peu de fleurs présentent cette particularité.

5. **Étamines.** — Voici (fig. 9) la corolle ouverte pour montrer son contenu. Cinq étamines frappant le regard, surmontées de leurs anthères, brunes et poilues. Leur filet est bizarrement coudé, fléchi à la façon d'un genou ; de plus ce filet, au lieu d'être libre dans toute sa longueur et de venir se rattacher tout au fond de la fleur, ainsi que nous l'a montré le Lis, se soude au tube de la corolle et descend avec lui, comme si le tout ne faisait qu'une pièce. Nous avons donc encore là un exemple de soudures entre des organes que la fleur du Lis nous a montrés parfaitement séparés.

L'anthère est formée de deux sachets oblongs, accolés

l'un à l'autre, et s'ouvrant chacun par une fente longitudinale servant d'issue à la poussière que nous avons nommée *pollen*. Ces deux sachets prennent le nom de *loges* de l'anthère. La cloison qui les sépare s'appelle le *connectif*. Dans la grande majorité des cas, cette cloison n'a rien de remarquable et passe inaperçue ; mais dans la fleur de la Pervenche elle prend un développement digne d'être signalé. C'est en effet le connectif qui se dresse au-dessus de la double loge de l'anthère et s'y étale en une membrane poilue.

6. **Pistil.** — Tout au centre est le pistil. Le style, colonnette allongée, n'a rien de particulier ; mais le stig-

Fig. 10. — Pervenche, étamine.

Fig. 11. — Pervenche, pistil.

Fig. 12. — Pervenche, ovaire et calice.

mate présente une structure exceptionnelle. Il se dilate à la base en un disque à bords saillants, se rétrécit en dessus, puis se dilate encore. Enfin, sauf le disque inférieur, il est en entier hérissé de longs cils. C'est là une sorte de brosse destinée à recueillir la poussière du pollen à mesure qu'elle s'échappe des anthères, situées précisément en face. Nous verrons plus tard, en effet, que le rôle du pollen est d'arriver sur le stigmate pour y exercer certaine influence sans laquelle l'ovaire ne pourrait se développer, mûrir et devenir fruit avec graines aptes à perpétuer la plante.

Pour le moment, ces graines sont réduites à de petits

points blanchâtres nommés *ovules* et contenus dans le
renflement inférieur du pistil, c'est-à-dire dans l'ovaire.
Celui-ci, convenablement fendu, nous laisse voir deux
compartiments ou *loges*, où sont contenus les ovules rangés
en file. Dans l'ovaire du Lis, nous en avons trouvé trois au
lieu de deux. Aussi le nombre des loges de l'ovaire varie
d'un végétal à l'autre, ainsi que varie du reste le nombre
d'étamines, de pétales, de sépales.

7. **Fruit**. — Après quelques jours d'épanouissement de
la fleur, la corolle se fane et tombe, entraînant avec elle
les étamines; le calice persiste, abritant l'ovaire qui doit
maintenant grossir et devenir le fruit. Quand la maturité
arrive, on reconnaît que ce fruit consiste en deux sacs

Fig. 13. — Pervenche, fruit
mûr.

Fig. 14. — Pervenche
fruit ouvert.

membraneux allongés, un peu pointus au bout et s'ouvrant,
non par le haut, mais par une fente longitudinale, ainsi
que le ferait un sac ordinaire décousu sur l'un de ses
côtés. A l'intérieur se voient alors les *graines*, appendues
à la paroi du sac par le court filament qui leur distribuait
la nourriture tant qu'elles ont grossi Pareil fruit se
nomme *follicule*. Régulièrement, il devrait y en avoir deux
pour chaque fleur, chaque loge de l'ovaire en ayant produit un; mais très souvent il arrive que l'un des follicules
dépérit sans parvenir à se développer.

8. **Laurier-rose**. — Ce nom de *Laurier-rose* peut con-
duire à des idées fausses, à des rapprochements inexacts,
car l'arbuste qu'il désigne n'a rien de commun avec le

Laurier, ni rien de commun avec la Rose, si ce n'est quelques bien superficielles ressemblances. Le Laurier-rose a du Laurier ordinaire le feuillage *persistant*, c'est-à-dire qui ne tombe pas l'hiver; il a de la Rose le coloris des fleurs, et tout se borne là. C'est à la Pervenche que le Laurier-rose ressemble le plus, bien que la coloration des fleurs, la forme du feuillage, le port de la plante, enfin l'aspect extérieur, soient tout à fait différents. Mais pour saisir cette étroite ressemblance, il ne faut pas se borner à un vague examen, tel que celui d'où nous est venu le nom défectueux de Laurier-rose; il faut observer la structure des deux végétaux dans ses intimes détails, et mettre en comparaison organe avec organe. C'est ce que nous allons faire pour la fleur.

Le Laurier-rose est un arbuste d'un climat plus chaud que le nôtre, il abonde notamment en Afrique, sur les rives rocailleuses des torrents. Chez nous, c'est un végétal cultivé, qui ne pourrait vivre abandonné à lui-même, hors de nos soins. Il supporte très bien, en pleine terre, les hivers du Midi, mais il ne supporterait pas les hivers du Nord. Pour la majeure partie de la France, c'est donc un arbuste d'orangerie, que l'on cultive en pots, pour le rentrer l'hiver et le mettre à l'abri des fortes gelées.

Or beaucoup de végétaux soumis à la culture, élevés par les soins de l'homme, se déforment plus ou moins dans leurs fleurs, c'est-à-dire s'écartent de la structure qui leur est naturelle. En particulier le nombre des pétales augmente, au détriment des autres organes, résultat que la culture s'efforce d'obtenir parce que nos fleurs d'ornement, devenues ainsi plus riches en pièces colorées, conviennent mieux aux satisfactions du regard. Les fleurs modifiées par nos soins, enrichies d'un supplément de pétales, mais en compensation dépourvues souvent des autres organes, plus essentiels, se nomment *fleurs doubles*. Nous y reviendrons plus tard et nous verrons d'où provient cet accroissement des pièces de la corolle. Or, par cela même que l'ordre primitif y est altéré, une fleur double ne peut servir à nos études; nous n'y trouverions que désordre et confusion. Il faut toujours prendre pour objet d'examen la fleur *simple*, c'est-à-dire telle qu'elle est dans son état naturel. Cette observation est nécessaire au sujet du Laurier-rose, car l'arbuste cultivé a tantôt des fleurs simples, et tantôt des fleurs doubles. Si nous avions entre les mains l'une de ces dernières, sorte d'amas informe n'ayant pour lui que la couleur, il nous serait impossible de reconnaître la structure qu'il s'agit de comparer avec celle de la Pervenche.

9. **Fleur et fruit du Laurier-rose.** — La fleur du Laurier-rose étant simple, nous y constaterons un calice pareil à celui de la Pervenche, formé de cinq sépales

Fig. 15. — Laurier-rose, étamine.

Fig. 16. — Rameau de Laurier-rose.

soudés à la base; une corolle presque calquée de forme sur celle de la Pervenche. Cinq pétales, obliquement tronqués, s'y étalent en roue, et se réunissent après en un tube, dont la gorge se pare d'une couronne frangée. Viennent après cinq étamines dont le connectif prend encore un développement très inusité et se prolonge en une fine et longue aigrette poilue. Le pistil a deux loges à son ovaire, un stigmate muni d'un rebord ou anneau. Enfin le fruit consiste encore en deux follicules, plus gros, plus allongés que ceux de la Pervenche, et les semences y sont couronnées par une houpe de poils. C'est, à très peu de chose près, on le voit, la répétition de la fleur et du fruit de la Pervenche.

10. Feuilles du Laurier-rose. — La similitude ne se maintient pas aussi étroite pour le feuillage. Dans la Pervenche, les feuilles sont groupées deux par deux, en face l'une de l'autre, enfin elles sont opposées. Dans le Laurierrose, elles sont groupées trois par trois. Chacun de ces groupes s'appelle *verticille*, et les feuilles qui affectent semblable disposition sont dites *verticillées*.

Dans d'autres plantes, nous trouverions des groupes de quatre feuilles, de cinq, six ou davantage. Ce sont encore là des verticilles, variant pour le nombre de feuilles, suivant le végétal. Les groupes de deux feuilles que nous a montrés la Pervenche sont aussi des verticilles, les plus simples de tous, puisque leurs éléments se réduisent à deux. Il est à remarquer que, quel que soit leur nombre, les feuilles d'un verticille ne se placent pas au-dessus de celles du verticille inférieur, mais bien en face de l'intervalle qui les sépare. On désigne cette disposition en disant que deux verticilles consécutifs *alternent* leurs feuilles. Nous en avons un bel exemple dans le Laurier-rose, dont les feuilles sont verticillées par trois. De cette disposition alternante résulte une gêne moins grande pour l'accès de la lumière sur les feuilles.

11. Apocynées. — La botanique classe sous le nom de *famille* l'ensemble des plantes qui, pour la structure, présentent entre elles un air de parenté, de ressemblance. C'est ainsi que la Pervenche et le Laurier-rose, dont nous venons de faire ressortir la ressemblance pour les détails d'organisation, prennent rang non loin l'un de l'autre. Avec ces deux plantes s'en classent beaucoup d'autres, étrangères à nos pays; et leur ensemble prend le nom de famille des *Apocynées*, du nom de l'une d'elles, l'*Apocyn*, qui ne vient pas dans nos climats. Ce sont en général des plantes vénéneuses, à suc laiteux, âcre et amer. Le Laurierrose lui-même est loin d'être inoffensif. Toutes ses parties, les fleurs surtout, exhalent des émanations auxquelles il serait dangereux de s'exposer en abondance, et longtemps.

CHAPITRE II

LE LISERON. — LA PATATE

1. Le Liseron des haies et le Liseron des champs. —
L'un des ornements les plus gracieux et les plus communs
de nos haies, pendant presque
toute la belle saison, est une
grande fleur blanche, en forme
de cloche évasée. La tige, menue et très longue, s'enroule
autour des arbustes, ronces et
autres buissons lui servant de
support. Les feuilles sont amples, d'un beau vert, et fortement échancrées à la base, de
manière à figurer les deux
ailerons d'une flèche. Cette
plante est le *Liseron des haies*.

En tout terrain non humide,
dans les champs et les jardins,
au bord des sentiers, au pied
des murailles et jusque entre
les pavés des rues non fré-
quentées, vient, encore plus
abondante, une autre fleur en
clochette, pareille de forme à
la précédente, blanche comme
elle, mais beaucoup plus petite
et parée en dehors de longues
bandes triangulaires roses.

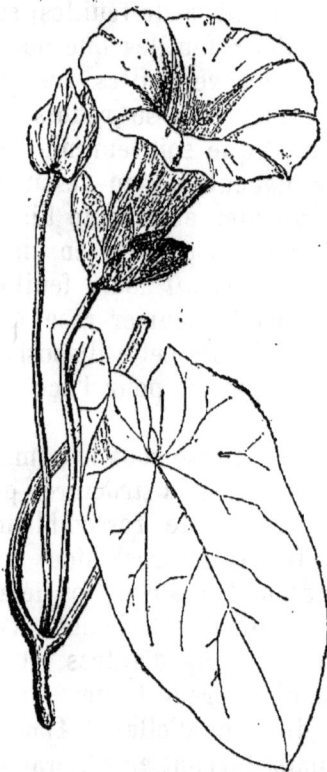

Fig. 17. — Le Liseron des haies.

La tige est couchée à terre, ou pour se soutenir enlace
les végétaux voisins de ses replis en spirale. Les feuilles,

bien moindres que celles du Liseron des haies, ont la forme d'un fer de flèche. C'est le *Liseron des champs*, qui infeste les cultures et dont il est bien difficile de se débarrasser, à cause de sa propagation au moyen de tiges souterraines semblables à de fines cordelettes.

2. **Tiges volubiles.** — La Pervenche nous a montré des tiges longues et menues, qui, n'ayant pas la force de se soutenir droites par elles-mêmes, se laissent traîner à terre si l'appui étranger leur manque, ou bien s'élèvent supportées par la ramée des broussailles voisines. Les tiges des Liserons sont encore plus faibles; leur longueur est de plusieurs mètres pour le Liseron des haies. Elles montent, pour venir à l'air et à la lumière, en enlaçant les plantes voisines autour desquelles elles s'enroulent en spirale ou tire-bouchon. Pour ce motif, on les nomme tiges *volubiles*, d'un mot latin signifiant *s'enrouler*. Nous trouverions encore des exemples de tiges volubiles dans le Houblon, et le Haricot.

Fig. 18. — Houblon, tige volubile.

Pour chaque espèce de plante volubile, l'enroulement de la tige se fait dans un sens invariable. Supposons devant nous la plante enroulée autour de son support et considérons une portion quelconque de la spirale traversant le support en avant. Si dans cette portion la tige monte en allant de la droite vers la gauche, on dit que l'enroulement se fait de droite à gauche; si la tige monte en allant de la gauche vers la droite, on dit que l'enroulement est de gauche à droite. Le Liseron et le Haricot s'enroulent constamment de gauche à droite; constamment aussi le Houblon et le Chèvrefeuille s'enroulent de droite à gauche.

3. **Fleur du Liseron des haies.** — Elle est portée sur une longue queue que nous appellerons désormais *pédoncule*. Le pédoncule d'une fleur, quelle qu'elle soit, est donc le rameau que cette fleur termine.

Au sommet de ce pédoncule se voient d'abord deux petites feuilles en forme de cœur, opposées l'une à l'autre et produisant, dans leur ensemble, une sorte de second calice. On les nomme *bractées*.

Le vrai calice est au-dessus. Il est composé de cinq sé-pales, distincts l'un de l'autre, sans soudure entre eux, configurés en ovale allongé et pointu.

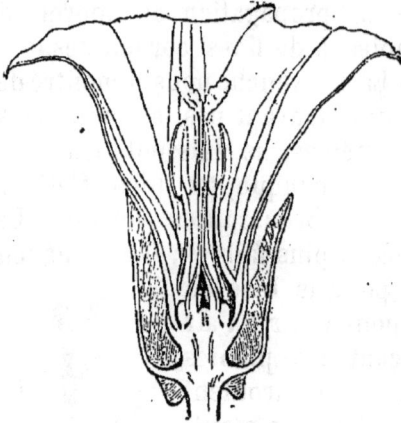

Fig. 19. — Liseron des haies, coupe de la fleur

La corolle est une su-perbe cloche d'un blanc pur, dont l'embouchure atteint jusqu'à cinq cen-timètres de largeur. Une pièce unique semble la former, car on ne voit sur son pourtour aucune dé-coupure dénotant diverses pièces assemblées. Ce-pendant un peu d'attention montre sur le bord cinq angles fort peu saillants, et dans le sens de la longueur

Fig. 20. — Liseron des haies, pistil.

Fig. 21. — Liseron des haies, étamine.

cinq plis, angles et plis qui sont les indices de cinq pé-tales soudés en une corolle d'apparence simple.

Les étamines sont au nombre de cinq et ne présentent rien de particulier. Remarquons pour la seconde fois cette

répétition du nombre cinq pour le calice, la corolle et les
étamines, répétition dont la Pervenche et le Laurier-rose
nous ont déjà fourni des exemples.

Le pistil se termine par un double stigmate, signe de
deux loges à l'ovaire; et en effet l'ovaire est doué de deux
loges. Mûri, il devient un fruit rond, à parois membraneuses, minces et arides, divisé à l'intérieur, par une
cloison, en deux compartiments ou loges où se trouvent
les graines. Pareil fruit s'appelle *capsule*.

4. Fleur du Liseron des champs. — Il n'y a plus ici
es deux amples bractées en forme de cœur qui formaient
un calice accessoire à la fleur du Liseron des haies. Néanmoins, le pédoncule nous montre, très distantes de la fleur,

Fig. 22. — Liseron
des haies, fruit.

Fig. 23. — Liseron
des champs.

deux petites feuilles qu'il ne faut pas négliger, si insignifiantes qu'elles paraissent. Elles sont opposées l'une à
l'autre, et représentent, amoindries, distantes de la fleur,
les bractées du Liseron des haies. Quant au calice, à la corolle, aux étamines et au pistil, c'est exactement, dans des
proportions moindres, ce que nous a montré le premier
Liseron. Seulement la corolle est parée, très souvent mais
non toujours, de cinq bandes longitudinales roses n'occupant que l'extérieur. Avant de s'épanouir, la corolle des
Liserons est ployée en long suivant cinq plis, d'où résul-
tent cinq bandes qui sont exposées à la lumière du soleil,
et cinq bandes qui ne le sont pas, leur situation sous les
autres s'y opposant. Eh bien, dans le Liseron des champs,
ce sont les cinq bandes visitées par la lumière qui pren-

nent la teinte rose. Dans le Liseron des haies, quoique
l'arrangement de la fleur en bouton soit le même, cette
coloration n'a pas lieu, et la corolle reste en entier d'un
blanc pur.

5. **La Patate.** — C'est une espèce de Liseron, originair:
de l'Inde et aujourd'hui cultivé dans la plupart des pay;
chauds, à cause de ses tubercules, riches en fécule, four
nissant un aliment farineux et sucré. Sa culture en France
est peu répandue, le climat s'y opposant. Les fleurs, don/
la configuration est celle du Liseron, sont pourpres en dedans et blanches en dehors. Les tiges sont volubiles, et
rampent à terre quand elles ne trouvent pas de support.

6. **Convolvulacées.** — Le Liseron en latin se dit *Con-
volvulus*, expression juste faisant allusion aux tiges volubiles, car elle vient d'un mot qui signifie s'enrouler. De ce
nom est venu le terme de *Convolvulacées* pour désigner
la famille des plantes ressemblant au Liseron. Les racines
des Convolvulacées possèdent pour la plupart un suc âcre
et purgatif, très violent dans certaines espèces. Celles de
nos Liserons les possèdent aussi, mais à un faible degré.
Par une exception fort remarquable au milieu de ces végétaux à propriétés médicinales, les tubercules de la Patate
fournissent un aliment estimé.

CHAPITRE III

LA POMME DE TERRE

1. **Bourgeons.** — Un *bourgeon* est un rameau à l'étai
naissant. Prenons un rameau de Lilas ou de n'importe
quel arbuste. Dans l'angle formé par chaque feuille et le
rameau qui la porte, angle qu'on appelle *aisselle de la
feuille,* nous trouverons un petit corps arrondi, enveloppé

d'écailles brunes. C'est là un *bourgeon*, ou comme disent les jardiniers, un *œil*. Il est destiné à devenir un rameau implanté sur le premier.

Les bourgeons naissent en des points fixes : il est de règle qu'il s'en forme un à l'aisselle de chaque feuille, il est de règle encore que l'extrémité du rameau en porte un. Ceux qui sont placés à l'aisselle des feuilles se nomment bourgeons *axillaires*, celui qui termine le rameau se nomme bourgeon *terminal*.

2. Bourgeons écailleux. — Pendant toute la belle saison, les bourgeons grossissent à l'aisselle des feuilles.

Fig. 24. — Rameau avec bourgeons.

Fig. 25. — Bourgeons après la chute des feuilles.

Fig. 26. — Bourgeon de Marronnier.

Quand viennent les froids, les feuilles tombent, mais les bourgeons restent en place, solidement fixés sur un rebord de l'écorce ou *coussinet*, situé au-dessus de la cicatrice qu'a laissée la chute de la feuille voisine (fig. 25).

Pour résister aux injures du froid et de l'humidité, beaucoup de bourgeons sont vêtus, au dedans, de chaudes enveloppes de bourre et de duvet ; au dehors, d'un robuste étui d'écailles vernissées. Considérons, par exemple, le bourgeon de Marronnier (fig. 26). Au centre, l'ouate emmaillotte ses délicates petites feuilles ; au dehors, une solide cuirasse d'écailles, disposées avec la régularité des tuiles d'un toit, l'enserre étroitement. En outre, pour empêcher l'humidité de pénétrer, les pièces de l'armure écailleuse sont goudronnées d'un mastic résineux qui, maintenant pareil à du vernis desséché, se ramollit au printemps pour laisser le bourgeon s'épanouir. Alors les écailles cessent d'être agglutinées l'une à l'autre, s'écartent toutes visqueuses, et les premières feuilles, hérissées de flocons d'un fin duvet, se déploient au centre de leur berceau entr'ouvert.

Beaucoup de bourgeons, au moment du travail printanier, présentent, à des degrés divers, cette viscosité résultant de la fusion de leur enduit résineux. Ainsi les bourgeons du Peuplier, lorsqu'on les presse entre les doigts, laissent suinter une abondante glu jaune et amère. Cette glu est diligemment récoltée par les abeilles, qui en font leur *propolis*, c'est-à-dire le ciment avec lequel elles mastiquent les fissures et crépissent les parois de la ruche avant de construire leurs rayons.

3. **Bourgeons fixes et bourgeons mobiles.** — Tantôt les bourgeons persistent sur le rameau qui les a produits, et se développent aux points mêmes où ils se sont formés. C'est le cas de beaucoup le plus général, et celui qui nous est le plus familier. On donne à ces bourgeons qui d'eux-mêmes ne se détachent jamais de la plante mère, le nom de *bourgeons fixes*.

Tantôt enfin, parvenus à un certain degré de force, les bourgeons quittent la plante mère, ils se détachent d'eux-mêmes et prennent racine dans la terre pour y puiser directement la nourriture. Ces derniers sont nommés *bourgeons mobiles* ou *bourgeons caducs*, pour rappeler leur abandon de la tige natale.

Or, il est visible qu'un bourgeon destiné à se développer isolément, par ses seules et propres forces, ne peut être organisé comme celui qui n'abandonne jamais son rameau nourricier. Pour suffire à ses premiers besoins, alors que des racines capables de l'alimenter ne sont pas encore formées, il lui faut absolument des vivres en réserve. Tout bourgeon mobile emporte donc avec lui des provisions alimentaires, emmagasinées tantôt dans ses propres écailles qui s'épaississent beaucoup et deviennent charnues, tantôt dans le fragment de rameau qui l'accompagne et s'est gonflé de matériaux nutritifs.

4. Tubercules. — Lorsqu'il est destiné à l'alimentation future des bourgeons mobiles qu'il porte, le rameau, au lieu de venir à l'air où il se couvrirait de feuillage, reste sous terre, devient corpulent, difforme, et ne porte que de maigres écailles brunes. On lui donne le nom de *tubercule*. Une fois les provisions faites, le tubercule se détache de la plante mère, et désormais nourrit les bourgeons qu'il porte. Un tubercule est donc un rameau souterrain, gonflé de nourriture, ayant de minces écailles en guise de feuilles, et couvert de bourgeons qu'il doit alimenter.

5. Tubercules de la Pomme de terre. — Le nom de pomme de terre s'applique à deux choses : à la plante entière et aux renflements farineux qu'elle produit. Or ces renflements, malgré leur structure difforme et leur séjour

Fig. 27. — Pomme de terre.

dans le sol, ces tubercules enfin sont réellement des rameaux et non des racines, ainsi qu'on le croit d'habitude. Autant faut-il en dire des tubercules de la Patate.

Une racine ne produit pas de bourgeons, si ce n'est dans des circonstances très exceptionnelles. Or, à la surface d'une pomme de terre que voyons-nous (fig. 27)? Certains enfoncements, des yeux, c'est-à-dire autant de bourgeons, car ces yeux se développent en rameaux, si la pomme de terre est placée dans des conditions favorables. Sur les tubercules vieux, on les voit, dans l'arrière-saison, s'allonger en pousses ne demandant qu'un peu de soleil pour verdir et se couvrir de feuilles. La culture utilise cette propriété. Le tubercule est coupé par quartiers, et chaque fragment mis en terre produit un nouveau pied, à la condition expresse qu'il ait au moins un œil; s'il n'en a pas, il pourrit sans rien produire. En second lieu,

pour convertir les rameaux inférieurs en tubercules, il
suffit de les enterrer, ce que l'on fait en *buttant* la plante,
c'est-à-dire en amoncelant de la terre autour de son pied.
Enfin, dans les années pluvieuses et sombres, il n'est pas
rare de voir quelques-uns des rameaux ordinaires s'épais-
sir à l'air libre et devenir des tubercules plus ou moins
parfaits.

6. **Parmentier.** — La Pomme de terre est originaire de
l'Amérique du Sud; elle nous est venue des hauts pla-
teaux de la Colombie, du Chili, du Pérou. Sa première
apparition en Europe date de 1565. A cette époque, on fit
quelques essais de culture avec des tubercules apportés
de Santa-Fé-de-Bogota; un siècle et demi plus tard, la
Pomme de terre prospérait dans les îles Britanniques;
son introduction en France fut plus tardive. Le premier
plat de pommes de terre, alors rareté de haut prix, fut
servi sur la table de Louis XIII, en 1616.

Longtemps le tubercule américain resta dans notre pays
simple objet de curiosité, auquel on attribuait des propriétés malfaisantes et dont l'agriculture ne voulait pas,
lorsque enfin, dans les dernières années du siècle passé,
l'infatigable zèle d'un homme de bien, Parmentier, dis-
sipa les préjugés et popularisa la culture de la précieuse
plante alimentaire.

Parmentier communiqua ses idées à Louis XVI. La
pomme de terre, disait-il, est du pain tout fait, qui ne
demande ni le meunier ni le boulanger; telle qu'on
l'extrait du sol, elle devient, sous les cendres chaudes ou
dans l'eau bouillante, un aliment farineux qui rivalise
avec celui du froment; les terrains maigres, impropres
à d'autres cultures lui suffisent; avec elle ne seront plus à
craindre ces terribles disettes dont la France souffrait
alors précisément.

Le roi partagea ces idées avec ardeur, mais le difficile
était de les faire partager aux autres. Pour intéresser la
mode à la culture du tubercule dédaigné, Louis XVI
parut un jour dans une fête publique avec un gros bouquet de fleurs de Pomme de terre à la main. La curiosité

s'éveilla devant ces belles corolles blanches nuancées d.
violet et rehaussées par le vert sombre du feuillage. On en
parla à la cour et à la ville; les fleuristes en firent des
imitations pour leur bouquets artificiels; les jardins d'ornement les admirent dans leurs banquettes; et, pour faire
la cour au roi. les seigneurs envoyèrent des tubercules à
leurs fermiers avec ordre de les cultiver.

Mais l'ordre n'est pas la persuasion : les tubercules
royalement patronnés furent jetés au fumier, ou végétèrent
oubliés dans un coin. Il fallait convaincre, non le grand
seigneur, mais le paysan lui-même, plus directement in-
téressé en cette affaire; il
fallait vaincre ses répu-
gnances, qui lui faisaient
rejeter la pomme de terre,
même pour la nourriture
du bétail; il fallait lui apprendre, par sa propre
expérience, que le tuber-
cule mal famé, loin d'être
un poison, est une nour-
riture excellente.

C'est ce que Parmentier
comprit, et, sans tarder,
il se mit à l'œuvre. Aux
environs de Paris, il acheta

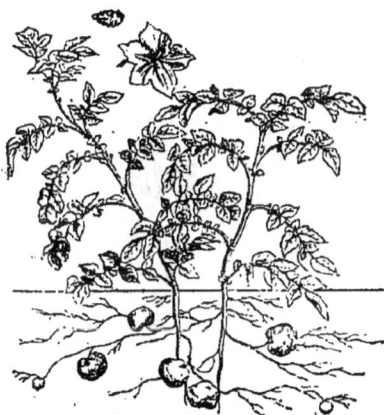
Fig. 28. — La Pomme de terre.

ou prit à ferme de grandes étendues de terrain qu'il fit
planter en pommes de terre. La première année, la récolte
fut vendue à très bas prix; quelques paysans en ache-
tèrent. La seconde année, les pommes de terre furent
données pour rien; personne n'en voulut.

L'attrait de la chose défendue fit enfin ce que n'avaient
pu faire les écrits, les conseils, les exemples, les offres du
philanthrope. Un vaste terrain est planté de pommes de
terre, et quand le moment de la maturité est venu, Parmentier fait publier, à son de trompe, dans les villages
voisins, défense de toucher à la récolte, avec menace de
toutes les sévérités de la loi. Pendant le jour, des gardes

exercent autour des champs une sévère surveillance; la nuit, comme il est convenu avec Parmentier, ils restent chez eux.

« Qu'est-ce donc que cette plante que l'on surveille avec des soins si jaloux ? se demandent les paysans, alléchés par la défense; ce doit être bien précieux; essayons d'en avoir à la nuit noire. »

Et la maraude nocturne commence, bientôt véritable

Fig. 29. — La Pomme de terre, fleurs.

Fig. 30. — Pomme de terre, calice et pistil.

pillage. Le tubercule tant méprisé s'emportait furtivement à pleins sacs. En peu de jours, le champ n'avait plus de pommes de terre. Le volé, l'excellent Parmentier, pleurait de joie : il venait de doter son pays d'une ressource alimentaire inestimable.

7. Fleur et fruit de la Pomme de terre. — Par leur

ampleur et leur coloration, où le blanc est lavé de violet, les fleurs de la Pomme de terre ne manquent pas d'élégance. Elles viennent par bouquets ou groupes qu'on appelle *corymbes*. On appelle ainsi des groupes de fleurs qui s'échelonnent à des hauteurs différentes sur un support commun, et atteignent toutes à peu près la même élévation, ainsi que nous le montre la figure 31. La fleur de la Pomme de terre nous présente un calice à cinq pétales, une corolle étalée en forme de roue avec cinq angles qui sont les indices de cinq pétales assemblés pour former la corolle gamopétale. Les étamines sont pareillement au nombre de cinq, et se dressent en un faisceau conique jaune, du centre duquel s'élève le pistil. Elles présentent une particularité remarquable. Au lieu de s'ouvrir suivant des fentes longitudinales pour donner issue au pollen, leurs anthères s'ouvrent au sommet par deux pores ou petits trous correspondant chacun à l'une des deux loges où le pollen est renfermé. Le stigmate se renfle en une petite tête; et l'ovaire, coupé en travers, montre sa division en deux loges.

Fig.31.—Fleurs en corymbe.

Le fruit de la Pomme de terre, le véritable fruit, **car** le tubercule employé à notre alimentation n'en est évidemment pas un, mais un rameau souterrain et renflé, est une sorte de petite pomme verte de la grosseur d'une cerise et au-delà. Ce fruit, véritable production de la fleur, est rempli d'une chair molle, d'une pulpe juteuse, au milieu de laquelle les semences sont noyées. Semblable fruit se nomme *baie*. Les fruits de la Pomme de terre sont vénéneux, ainsi du reste que sa tige, les ramifications et le feuillage; nos animaux domestiques n'y touchent jamais. Les seules parties comestibles sont les tubercules. Ces tubercules alimentaires provenant d'une plante dont toutes les autres parties sont malfaisantes, nous expliquent la longue indécision que l'on a mise à la culture de la Pomme de terre.

CHAPITRE IV

LE TABAC

1. Histoire du Tabac. — Le *Tabac* est originaire de l'Amérique. C'est une plante d'un mètre environ de hauteur, à grandes feuilles visqueuses et d'odeur forte, à fleurs d'un rouge clair, configurées en entonnoir et découpées en étoile à cinq pointes à l'orifice. Les feuilles seules sont employées, après avoir subi certaines préparations. Roulées en un petit paquet serré, elles deviennent les cigares; hachées très menu, elles constituent le tabac à fumer; réduites en poudre, elles fournissent le tabac à priser.

Lorsqu'il découvrit l'Amérique, en 1492, Christophe Colomb débarqua d'abord à l'une des Lucayes, qu'il nomma San-Salvador, c'est-à-dire Saint-Sauveur, pour remercier le ciel de l'heureux succès de ses prévisions. Bientôt après, il prit terre à Cuba, la plus grande des Antilles. Craignant de s'engager dans les bois, au milieu des sauvages, il envoya quelques éclaireurs pour reconnaître le pays. Les matelots de l'expédition trouvèrent en chemin, à leur extrême étonnement, de nombreux Indiens, hommes et femmes, tenant à la bouche une sorte de tison allumé dont ils aspiraient la fumée. Ces tisons, appelés *tabagos*, étaient formés d'une herbe roulée dans une feuille sèche. Voilà les premiers fumeurs et les premiers cigares dont l'histoire fasse mention.

Les Indiens de l'archipel des Antilles, les Caraïbes, fumaient donc, depuis des siècles peut-être, lorsque les Européens abordèrent pour la première fois dans leurs îles. Le tabac jouait un grand rôle dans leurs pratiques superstitieuses et dans leurs assemblées. Consulté sur les choses de l'avenir, le devin commençait par humer la fumée de plusieurs *tabagos*, tandis que les assistants, rangés en rond, fumaient à qui mieux mieux pour s'envelopper d'un épais nuage. La tête exaltée par le tabac, le devin rendait alors ses oracles, du sein de la nuée, en un langage extraordinaire où les auditeurs croyaient connaître la voix de la divinité.

Semblable cérémonie se passait dans les assemblées où devaient se traiter les affaires publiques. Assis sur une pierre et aspirant la fumée d'un énorme *tabago*, l'orateur qui devait prendre la parole attendait, impassible, les chefs de la nation qui s'approchaient de lui, à tour de rôle, pour lui envoyer au visage d'abondantes bouffées de tabac et lui recommander les intérêts de la peuplade. Ces fumigations terminées; l'orateur s'abandonnait à son éloquence, au milieu de l'enthousiasme de l'assemblée.

Les compagnons de Colomb apprirent à fumer des Caraïbes, y prirent goût et apportèrent cette habitude dans leur pays. On imagina plus tard de réduire en poudre l'herbe des Indiens et de s'en mettre dans le nez.

L'Espagne et le Portugal comptaient déjà des fumeurs et des priseurs par milliers, lorsque le tabac fit sa première apparition en France, en 1560. L'embassadeur français Nicot envoya, de Lisbonne, à Catherine de Médicis, des graines de la plante et une boîte de tabac en poudre. Cette reine ayant contracté en peu de temps la passion de priser, pour lui plaire, on cultiva le Tabac avec le plus grand soin, et les priseurs furent bientô tnombreux dans toutes les provinces.

En l'honneur de Nicot, qui l'avait introduit en France, le Tabac fut appelé *Nicotiane;* mais les flatteurs de Catherine jugèrent mieux de l'appeler *Herbe de la reine* On dit que Catherine fit tout au monde pour qu'on l'appelât *Herbe médicée*, de son nom de famille, les Médicis de Florence; mais elle ne put y réussir. Le grand prieur de France, de la maison de Lorraine, était, à ce que dit l'histoire, un priseur passionné, consommant par jour jusqu'à trois onces de tabac. En son honneur, on appela le tabac

Herbe du grand prieur. De tous ces noms, décernés par la flatterie, aucun n'est resté si ce n'est *Nicotiane,* employé en botanique. Le terme tabac, d'un usage vulgaire auourd'hui, est le vieux mot caraïbe *tabago,* modifié.

L'usage du tabac ne s'est pas répandu sans sérieuses uttes. L'empereur des Turcs Amurat VI porta les peines les plus sévères contre les priseurs et les fumeurs. Les délinquants recevaient cinquante coups de bâton sur la plante des pieds, comme premier avertissement; s'ils recommençaient, ils avaient le nez coupé. Un roi de Perse alla plus loin : tout homme surpris une pipe à la bouche avait la lèvre supérieur coupée, et tout nez convaincu d'avoir humé une prise de tabac tombait sous le fer du bourreau. A la suite d'un incendie allumé par la négligence d'un fumeur, l'empereur de Russie, Michel Fédérowich, rendit une ordonnance qui condamnait tout fumeur à soixante coups de bâton sur la plante des pieds, et tout priseur à la perte du nez.

Ces rigueurs et bien d'autres moins cruelles n'arrêtèrent pas les progrès du tabac, et les gouvernements avisés se firent un revenu d'une habitude qu'ils ne pouvaient parvenir à détruire. La France, en particulier, retire annuellemen tprès de 300 millions de la vente de ses tabacs.

2. **Industrie du tabac.** — La culture de cette plante se fait da is un petit nombre de nos départements, le Lot et le Pas-de Calais, par exemple, sous la surveillance des emplojés e la régie. La récolte est vendue par le cultivateur à l'Éta t.qui a le monopole de la fabrication.

On enfile les feuilles par paquet de 50 à 100, que l'on suspen.l dans des hangars bien aérés jusqu'à dessiccation. On les met alors en tas et on les abandonne à une lente fermentation, après les avoir humectées d'un peu d'eau salée. C'est alors que se développent la couleur brune et les qualités recherchées dans le tabac. Lorsque la fermentation est arrivée au degré convenable, une machine mue par la vapeur hache les feuilles en minces rubans que l'on déssèche et que l'on frise à l'aide d'une douce chaleur. Le résultat est le tabac à fumer.

Un *cigare* est composé de trois parties : l'intérieur ou *tripe* est un assemblage de morceaux de feuilles disposés en long ; la *sous-cape* est un morceau de feuille plus grand qui enveloppe et maintient la *tripe ;* enfin la *robe* est une bande de feuille qui s'enroule en spirale autour du cigare et ferme exactement toute issue, afin que l'air aspiré pénètre seulement par l'extrémité allumée. Ce travail délicat se fait à la main, par des femmes nommées *cigarières.*

Le tabac à priser, qui doit avoir plus de piquant, subit une seconde fermentation dans de vastes chambres de

Fig. 32. — Hachoir à tabac

Fig. 33. — Le Tabac, fleur, fruit et graine.

bois, où il séjourne en tas pendant plusieurs mois. Pour le mettre en poudre, on le passe alors dans de grands moulins disposés à peu près comme nos vulgaires moulins à café.

3. **Description du Tabac.** — La plante atteint la hauteur d'à peu près un mètre ou même la dépasse. Les feuilles sont d'un vert sombre, amples, *lancéolées,* c'est-à-dire en ovale allongé et pointu comme le fer d'une lance. Elles se rattachent à la tige sans l'intermédiaire d'un pétiole, en d'autres termes, elles sont *sessiles.* Cette expression se dit de toute feuille dépourvue de pétiole, et de la sorte réduite à son limbe.

Les fleurs sont nombreuses ; elles sont disposées en *panicule,* c'est-à-dire qu'elles forment par leur ensemble

une sorte de grappe dont les ramifications se subdivisent
en rameaux plus petits. Elles comprennent un calice gamosépale, à cinq divisions; une corolle lavée de rouge clair,
gamopétale, épanouie supérieurement en une étoile à cinq
pointes, indice de cinq pétales soudés entre eux, et ré-
trécie inférieurement en un long tube. Les étamines sont
au nombre de cinq. Le pistil est unique, avec un stigmate
échancré et un ovaire à deux loges. Le fruit, formé d'une
enveloppe mince, aride et coriace, se sépare en deux, de
haut en bas, à la maturité. Chaque moitié, avec son contenu de fines semences, représente une des deux loges de

Fig. 34. — La Belladone.   Fig. 35. — La Jusquiame.

l'ovaire. Ce fruit, comme celui des Liserons, prend le nom
de *capsule*. Les graines sont très petites, extrêmement
nombreuses, brunes et à surface chagrinée. Froissée entre
les mains, toute la plante répand une odeur nauséabonde,
vireuse, dénotant des propriétés malfaisantes. Le Tabac,
en effet, est un violent poison.

4. **Solanées.** — La botanique appelle *Solanum* le genre
de plantes auquel appartient la Pomme de terre. De ce
mot vient le terme de *Solanées*, désignant la famille dont
le Tabac et la Pomme de terre font partie. Dans toutes les
solanées nous retrouverions des fleurs construites sur le

modèle de celles de la Pomme de terre et du Tabac, et des fruits consistant tantôt en une capsule à deux loges et tantôt en une baie. Presque toutes ont un aspect sombre, un feuillage d'odeur vireuse, presque toutes aussi sont des poisons. Citons-en quelques-unes parmi celles de nos pays.

Voici d'abord la *Belladone*, assez commune dans les bois. C'est une herbe de moyenne élévation, à fleurs rougeâtres et en forme de petites cloches. Les feuilles sont ovales, portées par un pétiole. Ses fruits, poison fort dangereux, sont ronds, d'un noir violet et ressemblent à des cerises. Ce sont des baies dans le genre de celles de la Pomme de terre. L'agrandissement de l'ouverture de l'œil ou pupille, et le regard fixe, hébété, sont les caractères de l'empoisonnement par la Belladone.

Voici maintenant la *Jusquiame*, qui vient habituellement sur le bord des chemins ou le long des murs, parmi les décombres, à proximité des habitations. Les feuilles en

Fig. 36. — La Stramoine. — A, corolle ouverte, montrant les étamines. — B, pistil.

sont amples, sessiles, molles, velues, visqueuses et profondément dentées sur les bords. Froissées entre les mains, elles répandent une odeur nauséabonde. Les fleurs sont disposées toutes à peu près du même côté, et leur ensemble se recourbe en forme de crosse. Elles sont jaunes avec des veines noires. A ces fleurs succèdent des fruits, des capsules d'une forme remarquable. Ils consistent en une espèce de sac aride, recouvert en grande partie par le calice, qui s'étale au sommet en cinq dents pointues. Au centre de ces dents est l'orifice du sac, fermé par un couvercle rond et bombé, qui se détache tout d'une pièce à la maturité et livre passage à d'innombrables petites graines.

34

La *Stramoine* n'est pas moins facile à reconnaître à ses fruits hérissés de robustes piquants et de la grosseur d'une petite pomme, ce qui a valu à la plante le nom vulgaire de *Pomme-épineuse*. Les feuilles sont grandes, de teinte sombre, d'odeur repoussante. Les fleurs sont de longs entonnoirs, tantôt blancs, tantôt violacés, et toujours relevés de cinq plis longitudinaux, d'autant plus prononcés que la corolle est moins épanouie. Le feuillage, ainsi que la tige, prennent quelquefois aussi la coloration violacée. La Stramoine est une plante des plus redoutables. Elle atteint près d'un mètre de hauteur, et habite, comme la Jusquiame, les décombres des bords des chemins.

Quelques solanées cependant, au poison de leur feuillage, associent des parties comestibles. C'est ainsi que la Pomme de terre nous fournit ses tubercules farineux ; la *Tomate* ses grosses baies rouges, et l'*Aubergine* ses fruits allongés, d'un noir violet.

CHAPITRE V

LE MUFLIER. — LA LINAIRE

1. Le Muflier. Corolle personnée. — C'est sur les rochers et les vieux murs que le *Muflier* dresse ses magnifiques épis de grandes fleurs purpurines, ornées à l'entrée de la corolle d'une large tache d'un jaune orangé Admis dans nos jardins comme plante ornementale, il a beaucoup varié la coloration de ses fleurs. Il y en a de rouges, de cramoisies, de roses, de panachées, de jaunes, de blanches.

Le calice, à cinq sépales courts et larges, n'a rien de particulier ; mais la corolle frappe aussitôt l'attention par sa bizarre structure. Elle est divisée en deux *lèvres* dont la supérieure présente, au milieu, une courte fissure, in-

dice de deux pétales, et dont l'inférieure se partage nettement en trois *lobes* ou partitions, dénotant trois pétales.
Cinq pièces entrent donc dans la structure de la corolle
du Muflier. En outre, la lèvre inférieure se renfle en une
sorte de voûte qui ferme étroitement l'entrée de la fleur.
Au delà, les cinq pétales sont complètement soudés en un
large sac, fortement ventru
dans la partie correspondant
au pétale inférieur.

Si du bout des doigts on
presse la fleur sur les côtés,
les deux lèvres bâillent et la
gorge s'ouvre; elles se re-
ferment dès que la pression
cesse. De là une certaine ressemblance avec la gueule ou
le mufle d'un animal, ressemblance qui a fait donner à la
plante le nom de *Muflier* ou
bien encore de *Gueule de
loup*. On a voulu voir encore
quelque analogie d'aspect
entre les deux grosses lèvres
du Muflier et les traits exa-
gérés des masques dont les
acteurs se couvraient la tête
sur les théâtres antiques,
pour représenter le person-

Fig. 37. — Le Muflier.

nage dont ils remplissaient le rôle. C'est de là que provient l'expression de corolle *personnée*, du mot latin *per-
sona*, masque de théâtre.

2. Les verticilles floraux. — Avant de continuer l'examen de la fleur du Muflier, résumons en une vue d'ensemble les résultats que nous ont fournis les végétaux déjà
étudiés. Une fleur se compose de plusieurs rangées circulaires d'organes différents. Chacune de ces rangées circulaires prend le nom de *verticille*, déjà employé pour désigner les groupes de feuilles disposées en rond autour du

même point du rameau, ainsi que nous l'a montré le Laurier-rose.

Le premier verticille floral ou le plus extérieur est le calice, formé de sépales, tantôt en entier distincts l'un de l'autre, et alors le calice est dit *dialysépale*; tantôt plus ou moins soudés l'un à l'autre par les bords, et alors le calice est qualifié de *gamosépale*.

Le second verticille floral est la corolle, formée de pétales. Lorsque ces derniers sont en entier distincts l'un de l'autre, la corolle est *dialypétale*; s'ils sont soudés entre eux, la corolle est *gamopétale*.

Le troisième verticille floral comprend les étamines; et le quatrième comprend le pistil, composé lui-même de plusieurs pièces, ainsi que nous le verrons plus tard, en moment opportun, et comme d'ailleurs peut le faire soupçonner déjà la multiplicité des loges reconnue dans l'ovaire.

En laissant de côté le Lis, dont l'ample fleur a été très convenable pour notre première étude, mais dont la place n'est nullement à proximité de la Pervenche, nous avons constaté dans les fleurs étudiées jusqu'ici, au calice, cinq sépales, distincts ou soudés; à la corolle, cinq pétales, soudés entre eux, tantôt plus, tantôt moins; enfin au troisième verticille, cinq étamines. Ce nombre cinq n'est pas fortuit : on le retrouve dans une foule de plantes pour les divers verticilles floraux, sauf pour le pistil, sujet à de fréquentes exceptions.

3. **Alternance des verticilles floraux.** — Nous avons vu les feuilles de Laurier-rose se grouper par verticilles et alterner entre elles, c'est-à-dire que les feuilles d'un verticille se placent en face des intervalles des feuilles du verticille qui précède. Pareil arrangement se retrouve dans les pièces de la fleur : chaque verticille alterne avec celui qui le précède. Ainsi les pétales sont placées en face des intervalles des sépales; et les étamines en face des intervalles des pétales. Telle est la règle générale, ne souffrant qu'un bien petit nombre d'exceptions.

4. **Étamines didynames du Muflier.** — Ces explica-

tions données, revenons à la fleur du Muflier. Sa corolle
est *irrégulière*, c'est-à-dire que les cinq pétales dont elle
se compose ne sont pas pareils et disposés d'une façon
égale et symétrique par rapport au centre de la fleur. Au
contraire, les corolles de la Pervenche, du Liseron, du
Tabac, de la Pomme de terre, sont régulières. Or les corolles
irrégulières sont souvent affectées d'un développement
inégal dans le verticille des étamines. Les corolles personnées, comme celle du Muflier, sont très remarquables sous
ce rapport.

Rappelons d'abord la structure de ces corolles. Elles
sont partagées en deux lèvres, que séparent deux profondes échancrures latérales. La lèvre supérieure, formée

Fig. 38. — Muflier. Lèvre
supérieure avec l'étamine
rudimentaire.

Fig. 39. — Muflier. Lèvre
inférieure, et étamines.

de la réunion de deux pétales, présente en son milieu une
fissure, indice de sa composition binaire. La lèvre inférieure en présente deux, indice de trois pétales assemblés.
Le bord de la corolle a donc en tout cinq échancrures,
correspondant aux lignes de démarcation des cinq
pétales, savoir : une en haut, deux latéralement, deux en
bas.

A chacune d'elles, d'après la loi d'alternance, devrait
correspondre une étamine. Mais l'irrégularité de la fleur
amène la disposition suivante : 1° l'étamine supérieure
manque; 2° les deux étamines latérales sont courtes;
3° les deux étamines inférieures sont longues. Il n'y a donc
en tout dans la fleur du Muflier, et dans les diverses fleurs
personnées, que quatre étamines, dont deux sont plus lon-

gues et deux sont plus courtes. On désigne cette disposition par couples inégaux en disant que les étamines sont *didynames*.

Fig. 40. — Muflier.
Coupe de l'ovaire.

Fig. 41. — Muflier.
Capsule s'ouvrant au sommet
en trois orifices.

Fig. 42. — Linaire
commune.

L'étamine supérieure du Muflier est absente, disons-nous, elle ne parvient pas à se développer; cependant, si l'on examine avec beaucoup d'attention la place où elle devrait se trouver, dans la direction de la fissure de la lèvre supérieure, on voit un petit pli, un insignifiant appendice pointu; c'est là tout ce qui reste de l'étamine disparue. Dans d'autres plantes, voisines du Muflier pour la structure, on trouverait un court filament qui est la base de l'étamine non développée; dans d'autres encore, mais plus rarement, ce vestige d'étamine est un véritable filet, mais un filet privé d'anthère.

5. **Fruit du Muflier.** — L'ovaire du Muflier est à deux loges. Le fruit est une capsule, qui, à la maturité, s'ouvre de trois trous au sommet pour donner issue aux graines. Le trou supérieur correspond à la loge d'en haut, et les deux trous inférieurs à la loge d'en bas.

6. **La Linaire.** — Il existe dans nos pays un grand nombre de Linaires, toutes reconnaissables à leurs fleurs personnées, construites sur le modèle de celles du Muflier, mais beaucoup plus

petites. En outre, leur pétale inférieur, correspondant au
lobe moyen de la lèvre inférieure, se prolonge en un
long cornet effilé qu'on appelle *éperon*. Les étamines
sont encore au nombre de quatre et didynames, c'est-à-
dire deux plus longues et deux plus courtes. Le fruit est
pareillement une capsule s'ouvrant au sommet pour donner
issue aux graines des deux loges.

Les fleurs sont groupées en *épi*, comme dans le Muflier,
c'est-à-dire que, sur le même rameau, elle s'échelonnent
çà et là à des hauteurs différentes. Nous remarquerons
dans ces épis l'inégal développement des fleurs. Celles

Fig. 43. — Linaire.
Lèvre inférieure et étamines.

Fig. 44. — Linaire.
Capsule ouverte au
sommet.

d'en bas, les plus vieilles, ont déjà perdu leur corolle, et
leur ovaire grossit pour devenir capsule. Celles de la région
moyenne, moins vieilles, sont dans tout l'éclat de l'épanouissement; enfin celles d'en haut, les plus jeunes de
toutes, sont encore à l'état de bouton. On voit donc que
l'épanouissement ne se fait pas à la fois pour toutes les
fleurs de l'épi, mais gagne de proche en proche, de la base
au sommet, d'après l'âge des fleurs.

La Linaire la plus remarquable de nos pays, par l'ampleur et le coloris de ses fleurs, est la *Linaire commune*,
fréquente dans les champs arides et pierreux, ainsi qu'au
bord des chemins. Les corolles en sont d'un jaune de
soufre, avec le renflement ou *palais* de la lèvre inférieure
d'un vif orangé. Les feuilles sont menues, étroites, al-

longées et assez semblables à celles du *Lin*, d'où est venu
le nom de *Linaire*.

7. Personnées. — Le Muflier et la Linaire appartiennent
à la famille des *Personnées*, dont le nom fait allusion à la
forme étrange de la corolle que nous a présentée le Muflier. Une corolle plus ou moins irrégulière, des étamines
didynames, pour fruit une capsule à deux loges, tels sont
les caractères les plus saillants auxquels on reconnait les
végétaux composant cette famille.

CHAPITRE VI

LE LAMIER BLANC. — LA SAUGE. — LA MENTHE

1. Le Lamier blanc. — Pendant les mois d'avril et de
mai, les haies et les bords des chemins nous montrent en
floraison le *Lamier blanc*, commun partout dans le centre
et le nord de la France, rare dans le midi. C'est une assez
belle plante de quelques décimètres de hauteur. Ses
feuilles velues, d'un vert gai et fortement dentées, ont
quelque ressemblance avec celles de l'Ortie, ce qui a valu
à la plante le nom vulgaire d'*Ortie blanche*. Elles sont
opposées, deux à deux, et les supérieures ont leur aisselle
occupée par des groupes de fleurs au nombre de cinq
à huit environ. Le tout forme un épi interrompu, composé d'étages circulaires de fleurs. Celles-ci ont la corolle
blanche et conformée d'une façon qui mérite une description à part.

2. Corolle labiée. — Le calice, gamosépale, forme un
godet profond et conique, dont le bord s'épanouit en cinq
dents longues et pointues, terminaison des cinq sépales
soudés.

La corolle est *labiée*, c'est-à-dire que les cinq pétales
dont elle se compose, soudés à la base en une longue
partie tubuleuse, s'étalent au sommet en deux groupes
inégaux ou *lèvres*, séparées l'une de l'autre par deux profondes échancrures latérales. La lèvre supérieure comprend deux pétales, indiqués fréquemment par une fissure
médiane; d'autres fois, et c'est le cas du Lamier blanc,
réunis jusqu'à l'extrémité, sans le moindre indice de démarcation. La lèvre inférieure en comprend trois, plus ou
moins accusés. En outre, les deux lèvres sont largement
bâillantes, et laissent à découvert l'entrée ou la *gorge* de

Fig. 45 — Le Lamier blanc.   Fig. 46. Lamier. Corolle labiée.   Fig. 47. Lamier. Coupe de la fleur.   Fig. 48. Lamier. Calice.

la partie tubuleuse. C'est, on le voit, la structure de la corolle personnée du Muflier, avec cette différence bien nette
que la corolle personée a la gorge étroitement close par le
renflement ou *palais* de la lèvre inférieure, tandis que la
corolle labiée a la sienne librement ouverte.

Le calice du Lamier et des autres plantes de la même
famille répète la disposition irrégulière et la forme *labiée*
de la corolle; mais l'alternance des sépales et des pétales
amène une répartition inverse dans les lèvres des deux
verticilles consécutifs. La lèvre supérieure du calice est à
trois sépales, et celle de la corolle à deux pétales; tandis

que la lèvre inférieure comprend deux sépales dans le calice et trois pétales dans la corolle.

3. **Étamines du Lamier.** — La lèvre supérieure de la corolle du Lamier forme une voûte étroite et saillante sous
laquelle se recourbent et s'abritent les étamines. D'après
ce que nous a montré la corolle *irrégulière* du Muflier, la
corolle pareillement *irrégulière* du Lamier doit nous faire
prévoir quelque irrégularité dans les étamines. Et, en
effet, au lieu du nombre normal cinq, nous n'en trouvons
ici que quatre; de plus, ces quatre étamines sont inégales
en longueur, les deux inférieures sont un peu plus longues
que les deux supérieures. Quant à l'étamine qui manque,
c'est la plus élevée, celle qui correspondrait exactement
au milieu de la voûte formée par la lèvre supérieure. En

Fig. 49. — Lamier.
Fleur vue de face.

Fig. 50. — Lamier.
Fruit.

un mot, ces étamines sont didynames, comme celles du
Muflier.

Constatons encore, comme détails accessoires, que les
anthères du Lamier sont noires, avec un liséré de poils
blancs, et que l'entrée du tube de la corolle est hérissé à
l'intérieur d'un anneau de poils pareils,

4. **Fruit du Lamier.** — Un long style, terminé par un
stigmate bifurqué, est fixé par sa base au centre de quatre
loges qui, très distinctes l'une de l'autre et accolées régulièrement en manière de carré, constituent l'ovaire. Leur
contenu est un ovule pour chacune. A la maturité, elles
sont converties en quatre semences brunes, rangées en
carré au fond du calice qui *persiste*, desséché, c'est-à-dire
reste en place pour abriter les graines. Ces semences ont

pour enveloppe extérieure la paroi même de la loge où
chacune est née, paroi qui ne s'ouvre pas, ne se fend pas,
ainsi qu'il est de règle dans la grande majorité des plantes
au moment où les graines s'échappent du fruit. On les
appelle *akènes*. Ce terme s'emploie dans bien des cas et
vient d'un mot grec signifiant *ne pas s'ouvrir*. En général, on appelle *akène* tout fruit à une seule semence ne
s'ouvrant pas à la maturité pour donner issue à son
contenu. On voit combien diffèrent, malgré la ressemblance de structure de la fleur, le fruit du Muflier et
celui du Lamier. Le premier est une capsule à deux
loges, contenant d'innombrables graines qui s'échappent
par trois orifices percés au sommet du fruit; le second
consiste pour chaque fleur en quatre akènes ou petits
sachets arides enveloppant chacun étroitement une semence
unique.

5. **La Sauge.** — La plus répandue des sauges est celle
des prés, abondamment répandue dans la plupart des
prairies. On la reconnaît à son élévation, qui atteint parfois bien près d'un mètre, à ses amples feuilles, fortement
bosselées, surtout à la face inférieure, et s'étalant près de
terre en large rosette; à ses grandes fleurs labiées, d'un
beau bleu foncé.

Quant à la structure générale, la fleur de la Sauge
imite exactement celle du Lamier. C'est le même calice
gamosépale dont les cinq dents se divisent en deux groupes
inégaux, trois pour le groupe supérieur et deux pour le
groupe inférieur; c'est la même corolle *labiée*, dont la lèvre
supérieure se recourbe en voûte et abrite les étamines,
et dont la lèvre inférieure, formée de trois lobes, se
réfléchit en bas; c'est encore le même fruit consistant
en quatre akènes, disposés en carré au fond du calice
persistant. La différence la plus nette se trouve dans les
étamines.

La Sauge, en effet, ne possède que deux étamines, lorsque les divisions du calice et de la corolle indiquent qu'il
devrait y en avoir cinq. Informons-nous de celles qui
manquent. D'abord est absente l'étamine supérieure, cor-

respondant au milieu de la lèvre d'en haut, car telle est
la règle générale dans les fleurs labiées. En second lieu,
nous avons reconnu, aussi bien dans le Lamier que dans le
Muflier, que des quatre étamines didynames, les deux latérales, correspondant aux profondes échancrures qui séparent les deux lèvres, sont plus courtes que les deux inférieures. Cette diminution dans la longueur indique un
affaiblissement qui, s'il s'exagérait, aurait pour con-
séquence la disparition des deux étamines latérales,
de manière que le verticille serait réduit aux deux étamines inférieures. C'est précisément ce qui a lieu dans la
Sauge.

Une autre particularité bien digne d'attention dans les
étamines de la Sauge est celle-ci. Nous savons qu'une

Fig. 51. — Anthère de la Sauge. *a*, loge avec pollen; *b*, loge sans pollen;
c, connectif.

anthère comprend deux sachets à pollen réunis entre eux
par une cloison que nous avons appelée *connectif.* Dans
la grande majorité des cas cette cloison passe inaperçue,
tant les deux loges de l'anthère sont étroitement appliquées
l'une contre l'autre. Cependant la Pervenche, et encore
plus le Laurier-rose, nous ont montré le connectif avec un
développement inusité et devenant soit une sorte de panache lamelleux, soit un long filament poilu se dressant
au-dessus de l'anthère. Les étamines de la Sauge présentent une disposition encore plus étrange. Leur connectif
se développe en une longue tige placée transversalement
au sommet du filet de l'étamine, comme le fléau d'une
balance au sommet du support. Les deux loges se trouvent
ainsi largement distantes, et de plus l'une d'elles reste
stérile, c'est-à-dire ne donne pas du pollen.

Nous ne quitterons pas la Sauge sans remarquer la disposition de ses feuilles, opposées deux par deux avec alternance, comme le sont celles du Lamier, et la forme de la tige, qui est carrée au lieu d'être ronde, ainsi que cela se voit dans l'immense majorité des végétaux. Pareille forme carrée se retrouve aussi dans le Lamier.

6. La Menthe. — Les feuilles opposées et les tiges carrées de la *Menthe* indiquent une certaine analogie avec le Lamier et la Sauge, cependant la forme des fleurs est un peu différente. Le calice forme un tube court, à cinq dents, terminaison des cinq sépales soudés. D'après pareil calice, on est en droit de s'attendre à une corolle dans la composition de laquelle entreraient cinq pétales. Cependant la corolle de la Menthe, corolle qui est gamopétale, ne montre sur le bord que quatre divisions à peu près égales. N'y aurait-il réellement ici que quatre pétales soudés? Non, car si nous examinons avec soin la division supérieure, nous y constaterons une échancrure, indice de deux pétales assemblés. Ainsi, en réalité, la corolle de la Menthe comprend cinq pétales, mais la disposition en deux lèvres est à peine marquée. La division supérieure, avec son échancrure plus ou moins distincte, correspond à la lèvre supérieure de la Sauge et du Lamier; les trois autres divisions correspondent à la lèvre inférieure.

Des étamines presque régulières accompagnent cette corolle, presque régulière aussi. Elles sont au nombre de quatre, c'est-à-dire qu'il en manque une, celle d'en haut; mais au lieu d'être deux plus longues et deux plus courtes, elles sont d'égale longueur. Quant au fruit, c'est toujours le groupe de quatre akènes au fond du calice persistant. Un dernier caractère à noter pour la Menthe, c'est son odeur fortement aromatique.

7. **Labiées.** — Le Lamier, la Sauge et la Menthe appartiennent à la famille des *Labiées*, dont le nom vient de la forme labiée de la corolle, caractéristique de presque toutes les plantes de ce groupe. En résumant donc les traits communs aux plantes que nous venons d'étudier, nous dirons que les Labiées ont pour caractères : une co-

rolle labiée, des étamines didynames, un fruit consistant en quatre akènes groupés au fond du calyce persistant, des feuilles opposées et une tige de forme carrée. Ajoutons que beaucoup de Labiées, mais non toutes, sont aromatiques. La Menthe vient de nous en fournir un exemple. Nous en trouverions d'autres dans le Thym, le Serpolet, la Lavande, le Basilic, le Romarin, la Sarriette, la Mélisse, plantes appartenant toutes à la famille des Labiées.

CHAPITRE VII

LA PRIMEVÈRE. — L'OREILLE D'OURS

1. La Primevère. — Dès les premiers jours du printemps, vers la fin du mois de mars, les prairies et les bois un peu frais commencent à se parer d'une magnifique plante qui fait l'un de leurs plus gracieux ornements jusqu'à la fin du mois de mai. C'est la *Primevère officinale*, vulgairement *Coucou*, très commune dans toute la France, sauf le midi. Son nom de Primevère fait allusion à sa floraison précoce et signifie la première du printemps. Si elle n'est pas réellement la première épanouie lorsque la campagne reverdit, elle est du moins la fleur qui par son riche coloris, sa gracieuse forme, son ampleur, son doux parfum, appelle la première l'attention au moment du réveil printanier.

Ses feuilles sont grandes, en ovale allongé, fortement ridées, un peu cotonneuses et d'un vert blanchâtre. Elles sont toutes *radicales*, c'est-à-dire qu'elles naissent immédiatement au-dessus de la souche souterraine, à la base de la tige, où elles forment une rosette étalée sur le sol.

Du centre de cette rosette s'élève une tige sans ramifications et sans feuilles. Pareille tige prend le nom de *hampe*. Sa hauteur est de 2 décimètres environ.

2. Fleurs de la Primevère. — A l'extrémité de la hampe, les fleurs, penchées toutes du même côté, forment un groupe unique appelé *ombelle*. Le caractère d'une ombelle en général, c'est d'être formée de fleurs partant toutes du même point et s'élevant à la même hauteur; caractère que la Primevère officinale présente d'une façon très nette. A la base de l'ombelle se montre une collerette de très petites feuilles ou *bractées*, dont l'ensemble constitue ce qu'on nomme l'*involucre* de l'ombelle.

Le calice est blanchâtre. Il forme un tube enflé et très ouvert dont l'orifice est couronné par cinq grandes dents. Nous voici donc encore en présence d'un calice gamosépale dans les compositions duquel entrent cinq sépales.

La corolle est d'un beau jaune, avec des taches orangées à la gorge. Elle se compose d'un tube plongeant au fond du calice, et d'une partie supérieure ou *limbe*, élargie en

Fig. 52. — La Primevère.

godet, terminée au bord par cinq lobes ou pièces, qui sont les parties libres des cinq pétales assemblés en corolle gamopétale.

Les étamines, au nombre de cinq, sont fixées sur la corolle, dans l'épaisseur de laquelle leurs filets sont engagés. La soudure est si intime, qu'on les prendrait pour des productions de la corolle. Elles présentent en outre une particularité d'arrangement digne d'être signalé. Il est de règle que les étamines alternent avec les divisions

de la corolle. La Primevère fait exception à cette loi. Les étamines, au lieu de se trouver en face des intervalles des pétales, sont placées devant les pétales mêmes, devant chacune des divisions couronnant le limbe. Cette excep-

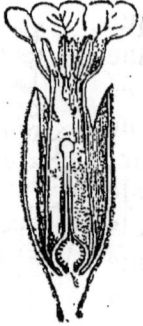

Fig. 53. — Primevère.
Coupe de la fleur.

Fig. 54. — Primevère.
Calice.

tion à l'habituelle architecture de la fleur est d'autant plus remarquable qu'elle est très rare.

Le pistil est unique, avec le stigmate arrondi en tête. L'ovaire est formé d'une seule loge, au centre de laquelle

Fig. 55. — Primevère.
Pistil.

Fig. 56. — Primevère.
Capsule.

s'élève un petit support charnu dont la surface est toute couverte de rudiments de graines ou d'ovules.

Le fruit est une capsule à une seule loge, s'ouvrant au sommet en cinq parties, qui se subdivisant produisent en tout dix dentelures. Au fond se dresse le *placenta*, c'est-à-dire la masse charnue qui d'abord était couverte d'ovules, et qui maintenant est couverte de graines mûres.

3. **L'Oreille d'ours.** — Les pâturages des Alpes du Dauphiné possèdent une espèce de Primevère qui, admise dans nos cultures comme plante ornementale, a donné naissance à une foule de variétés remarquables par l'élégance et le coloris des fleurs : c'est l'Oreille d'ours, à corolle plus grande et mieux étalée que celle de la Primevère officinale. Son nom bizarre provient d'une vague ressemblance que l'on a cru reconnaître entre la forme des divisions de sa corolle et le contour de l'oreille de l'ours.

En sa forme première, dans ses montagnes natales, c'est une plante d'un décimètre environ de hauteur, à feuilles radicales, en ovale allongé, un peu coriaces, du centre desquelles s'élève une hampe portant une ombelle de fleurs jaunâtres, très odorantes, groupées en nombre très variable, qui peut atteindre jusqu'à la trentaine. Par la culture et des soins longuement continués, l'Oreille d'ours des Alpes est devenue une superbe plante ornementale. Sa corolle, à limbe étalé en roue, a la gorge ou l'entrée du tube teinte de jaune ou de blanc, tandis que l'extrémité du limbe forme un cercle noir, violet, ou brun velouté. Parfois un liséré blanc rehausse le ton de ces couleurs sombres. Quant à la structure générale de la fleur, elle est exactement la même que nous venons de décrire pour la Primevère officinale.

4. **Primulacées.** — Cette famille emprunte son nom à la Primevère appelée en latin *Primula*. Les plantes qui les composent sont plus remarquables par leur beauté que par leur utilité. Autrefois la souche souterraine de la Primevère officinale était employée en médecine, ses fleurs sont encore utilisées aujourd'hui pour infusions, et de là provient la qualification d'officinale qu'on lui donne, rappelant ainsi qu'elle a place dans l'officine du pharmacien. Les caractères qui distinguent les Primulacées peuvent se résumer ainsi : calice gamosépale, à cinq divisions; corolle gamopétale, à cinq divisions; étamines cinq, opposées

aux lobes de la corolle et non à leurs intervalles; ovaire à une seule loge, d'où s'élève un placenta globuleux tout couvert d'ovules.

CHAPITRE VIII

LE CAILLE-LAIT. — L'ASPÉRULE. — LA GARANCE

1. Caille-lait. — Il ne faut pas de longues recherches pour découvrir dans les haies une plante de très modeste aspect, longue et faible, qui se dresse en s'insinuant au milieu des buissons qui l'entourent. Sa tige est carrée, hérissée sur les angles de petits crocs recourbés en bas. De distance en distance, aux points où naissent les feuilles, elle se renfle en *articulations* velues. Ses feuilles étroites, finement pointues, également armées de petits crocs, se groupent en verticilles par six à huit.

Les fleurs sont très petites, et leur étude demande un peu d'attention. La corolle est blanche. Après la floraison, elle tombe tout d'une pièce, sous forme d'une petite étoile à quatre rayons. Elle est donc gamopétale et à quatre divisions.

Le calice ne se voit pas, intimement soudé qu'il est avec l'ovaire. Quatre étamines et deux pistils complètent la fleur.

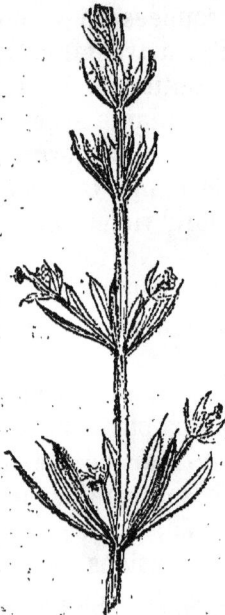

Fig. 57. — Le Gaillet-Grateron.

Le fruit est formé de deux coques rondes, étroitement accolées l'une à l'autre, et hérissées d'une foule de petits piquants crochus façonnés en manière de harpon.

Un troupeau, cherchant l'ombre, longe-t-il la haie ; un passant vient-il à frôler les broussailles de ses vêtements, et
aussitôt les fruits mûrs, de leurs mille petits hameçons, har-

Fig. 58. — Gaillet.
Rameau fleuri.

Fig. 59. — Gaillet.
Pistil.

ponnent la toison, le drap, s'y fixent et se font ainsi transporter au loin. C'est un moyen pour la plante de disséminer ses semences, de les répandre çà et là en des points
où elles trouveront à germer sans
se nuire mutuellement par une
proximité trop grande. Chaque
végétal est doué de moyens de
dissémination pour que l'espèce
se propage partout où elle peut
prospérer ; et ces moyens sont
très variés, parfois des plus curieux. Voici pour le moment une
plante qui happe les passants,
gens et bêtes, et leur confie ses
graines à crochets.

Mais nous n'avons pas dit encore le nom de la plante. On l'appelle *Caille-lait* ou mieux *Gaillet*,
dont le premier terme ne semble
qu'une altération, comme pourrait en commettre quelqu'un dur

Fig. 60. — L'Aspérule odorante.

d'oreille. Des deux mots, préférons le second, car le
premier nous mettrait dans l'erreur, en nous faisant croire
que la plante est propre à faire cailler le lait. Ce serait là

une idée fausse basée sur un mot très mal fait. Le Caille-
lait n'est pour rien dans ce qui se passe lorsque le lait se
caille et devient fromage.

Les Gaillets sont en très grand nombre. Pour distinguer
l'accrocheur de semences des autres espèces, on le sur-
nomme *Gratteron*, l'herbe qui gratte, qui râpe.

2. **L'Aspérule.** — Du mot *âpre* au mot *aspérule*, il n'y
a pas loin. Plusieurs Aspérules ont, en effet, l'âpreté du
feuillage que nous venons de reconnaître dans le Gratteron. Telle est l'Aspérule des champs, dont les fleurs sont
d'un bleu de ciel.

Il n'y a qu'à répéter pour les Aspérules l'histoire des
Gaillets. Même feuillage verticillé, même petites fleurs,
seulement la corolle, toujours à quatre divisions, est tubuleuse et s'épanouit en manière de cloche. On y retrouve
le calice indistinct, soudé avec l'ovaire, les quatre étamines, les deux pistils; enfin le fruit est encore un ensemble e deux petites coques accolées.

L'une de ces plantes, l'*Aspérule odorante*, a cela de
remarquable qu inodore à l'état vivant, elle acquiert par la
dessication un parfum doux, très agréable. Elle vient dans
les bois. Son odeur suave lui vaut les noms vulgaires de
Petit muguet, Reine des bois.

3. **La Garance.** — C'est, sous une forme plus robuste,
le Gaillet-Gratteron. Tiges quadrangulaires, à crochets sur
les angles; feuilles verticillées, armées d'aspérités cro-
chues; petites fleurs construites sur le modèle de celles du
Gaillet, tel est en quelques mots le portrait de la plante.
Où est donc la différence? La voici. Le fruit de la Garance
se compose de deux semences rondes, accolées l'une à
l'autre et revêtues d'une enveloppe molle, charnue, noire,
pleine de suc; en un mot il est formé de la réunion de
deux baies, tandis que celui des Gaillets résulte de l'asso-
ciation de deux coques sèches.

Il y a quelques années, la Garance était l'objet d'une
grande culture, en particulier dans le département de
Vaucluse. Sa racine, de la grosseur d'un crayon, four-
nissait à la teinture une précieuse et solide couleur

nommée *alizarine*. Avec cette matière, les tissus de coton, de soie, de laine, prenaient indifféremment, suivant les préparations qu'ils avaient subies, la teinte rouge intense, ou bien rose clair, ou bien encore violette, marron, noire. Aujourd'hui, la chimie se passe du travail de la plante et fabrique elle-même l'alizarine. Et, chose bien curieuse, nous montrant de quelles merveilles la science est capable, pour obtenir cette magnifique couleur, elle s'adresse au goudron, c'est-à-dire à la poix noire et infecte que donne le charbon de terre chauffé au rouge, à l'abri de

Fig. 61. — La Garance.   Fig. 62. — Rameau de la Garance.

l'air, dans les usines où se fabrique le gaz de l'éclairage. De nos jours, la majeure partie de ces splendides teintes qui embellissent les plus somptueuses toilettes, proviennent de cette matière dégoûtante qu'on n'oserait toucher du bout du doigt et qu'on appelle goudron. C'est dire que maintenant la culture de la Garance est à peu près abandonnée. Les terres qui produisaient la matière à teinture nous font des pommes de terre et du blé, dont il n'y a jamais trop.

4. **Les Rubiacées.** — La Garance a pour nom latin *Rubia*, qui vient de *ruber*, signifiant rouge. L'ensemble

des plantes qui s'en rapprochent par la structure, Gaillets, Aspérules et autres, forme la famille des *Rubiacées*, dont les caractères rappellent plus ou moins ceux du Gratteron. Notons en particulier le feuillage verticillé, la corolle gamopétale, le fruit à deux semences accolées.

5. **Histoire du café.** — Dans la famille des Rubiacées, qui chez nous ne produit rien d'utile, maintenant que la Garance a cessé d'être cultivée, se trouve un arbuste trop important pour qu'il soit passé sous silence. C'est le Caféier, dont les semences sont le café.

Par sa tête arrondie et son branchage touffu, le Caféier rappelle un petit pommier. Ses feuilles sont ovales et lui-

Fig. 63.
Rameau de Caféier.
Fleur et fruit
isolés.

santes; ses fleurs, semblables à celle du Jasmin, exhalent une douce odeur et sont groupées par petits bouquets à l'aisselle des feuilles. A ces fleurs succèdent des fruits, d'abord rouges et puis noirs, ayant l'aspect de nos cerises, mais portés sur des queues très courtes et serrés l'un contre l'autre. La chair en est fade et douçâtre; elle recouvre deux semences dures, rondes sur une face, aplaties sur l'autre et accolées entre elles par le côté plat. Voilà bien, avec une forme un peu différente, les baies de la Garance, à double semence. Ce sont là les grains de café, dont nous faisons

usage après les avoir grillés dans un moulin de tôle tournant sur le feu. Leur couleur est entre le blanc et le vert; elle devient marron par l'effet du grillage.

Le Caféier ne peut prospérer que dans les pays très chauds; il est originaire de l'Abyssinie, où il vient en abondance, surtout dans la province de Kuffa, qui paraît lui avoir donné son nom.

Dans le xve siècle, le Caféier fut introduit de l'Abyssinie en Arabie. C'est là que l'arbuste a trouvé le climat le plus favorable au développement de ses propriétés. Le café le plus en renom nous vient, en effet, des provinces méridionales de l'Arabie, et en première ligne des environs de Moka.

Un plant, venu sous vitrage au Jardin des Plantes de Paris, fut confié à Déclieux, qui partit pour la Martinique avec son petit arbuste enraciné dans un pot et une poignée de semences. Jamais peut-être la fortune d'un pays n'avait dépendu de causes plus modestes : ce frêle Caféier, qu'un coup de soleil pouvait dessécher en route, devait être pour les Antilles l'origine d'incalculables richesses. Pendant la traversée, rendue longue et pénible par des vents contraires, l'eau douce vint à manquer et l'équipage fut parcimonieusement rationné.

Déclieux, comme tous les autres, n'eut par jour que son verre d'eau, juste de quoi ne pas périr de soif. L'arbuste cependant exigeait de fréquents arrosages, sous le ciel embrasé de l'équateur. Comment l'arroser, lorsque la soif vous dévore et que les gouttes d'eau vous sont comptées? Déclieux n'hésita pas à l'arroser avec sa ration d'eau, un jour lui cédant le plein verre, un autre jour partageant avec lui ; il préféra s'imposer la plus pénible des privations et arriver à la Martinique avec le Caféier en bon état. Il eut cette satisfaction. Aujourd'hui, la Martinique, la Guadeloupe, Saint-Domingue et la plupart des autres Antilles sont couvertes d'admirables plantations dont le point de départ est l'arbrisseau de Déclieux.

D'après des traditions ayant cours en Orient, l'usage du café remonterait à un pieux derviche qui, désireux de prolonger ses méditations pendant la nuit, invoqua Mahomet, le priant de l'affranchir du sommeil. Le prophète lui apparut en songe et l'avertit d'aller trouver un certain berger. Celui-ci raconta que ses chèvres restaient éveillées toute la nuit, sautant et cabriolant comme des folles, après avoir brouté les fruits d'un arbrisseau qu'il lui montra. C'était un Caféier, couvert de ses cerises rouges.

Le derviche s'empressa d'éprouver sur lui-même la singulière vertu de ces fruits. Le soir même, il en prit une forte infusion, et de toute la nuit, en effet, le sommeil ne vint interrompre ses pieux exercices. Heureux de se procurer à volonté l'insomnie, il fit part de sa découverte à d'autres derviches, qui s'abandonnèrent à leur tour au breuvage chassant le sommeil. L'exemple de ces saints personnages fut suivi par les docteurs de la loi. Mais bientôt on reconnut à l'infusion qui tenait éveillé des qualités fortifiantes; on prit du café sans intention de combattre le sommeil, et la fève découverte par les chèvres devint d'un usage général dans tous les pays orientaux.

N'allez pas donner à cette tradition, populaire une croyance aveugle : on ignore réellement par qui et dans quelles circonstances les propriétés du café ont été d'abord reconnues. Un seul point est incontestable, et l'histoire du derviche le fait très bien ressortir : c'est la vertu que possède le café de maintenir l'esprit en activité et de chasser le sommeil.

6. **Le Quinquina.** — Les montagnes de l'Amérique méridionale produisent un bel arbre de la famille des Rubiacées, ayant nom *Quinquina*. Le *quinquina* des pharmaciens est l'écorce de cet arbre. On en retire la *quinine*, l'un des médicaments les plus précieux, et d'une valeur souveraine pour combattre les fièvres.

CHAPITRE IX

LE CHÈVREFEUILLE. — LE SUREAU

1. **Le Chèvrefeuille.** — Nous nous sommes un peu attardés avec les Rubiacées, qui nous donnent la garance, le café, le quinquina; les plantes que nous allons étudier maintenant nous arrêteront moins : elles n'ont guère d'autre intérêt que de servir d'ornement à nos bosquets.

Et d'abord le *Chèvrefeuille*, l'arbuste des tonnelles et des berceaux de verdure. Sa tige est volubile, grimpante, et sa spire enlace le support en tournant de droite à gauche. C'est tout le contraire de ce que fait le Liseron, s'enroulant de gauche à droite. Pour des motifs qu'il n'est pas en notre pouvoir d'expliquer, chacune des deux plantes persévère obstinément dans sa manière de s'enrouler. Si nous essayons de changer leur direction, si nous refoulons le Chèvrefeuille vers la droite et le Liseron vers la gauche, les deux tiges, lentement, reviennent chacune à l'enroulement conforme à ses habitudes.

Enlaçant, de sa tige en tire-bouchon, les arbustes voisins,

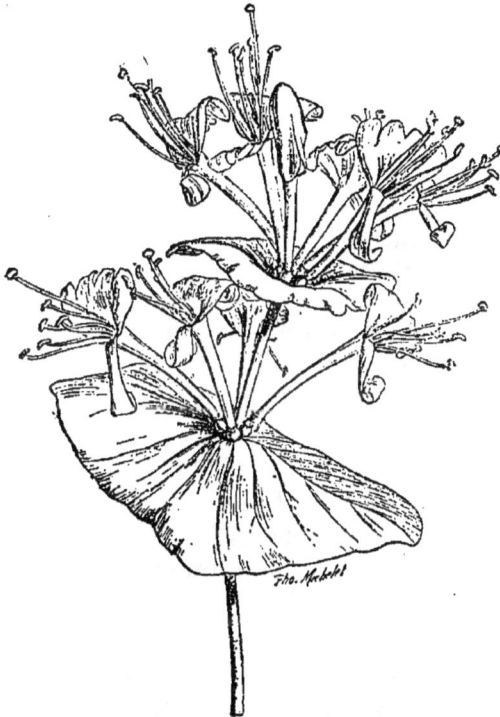

Fig. 64. — Le Chèvrefeuille.

les treillis, les palissades, le Chèvrefeuille s'élève à une hauteur de plusieurs mètres, pour s'étaler enfin en une voûte de verdure et de fleurs très odorantes. Les feuilles sont coriaces, ovalaires, de couleur cendrée en dessous. Sur les rameaux à fleurs, les deux feuilles en regard se soudent de plus en plus l'une à l'autre par la base, et finis-

sent par former une sorte de feuille unique que le rameau
semble traverser par le milieu. Voyez, par exemple, cette
grande collerette qui se trouve à la base d'un groupe ou
verticille de fleurs. C'est un plateau un peu concave, une
coupe, une manière de vase d'où s'élève un bouquet. Pour
l'aspect, ce sont bien là des feuilles, de texture coriace,

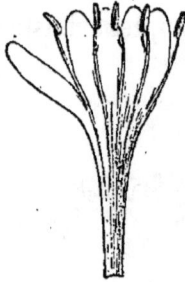

Fig. 65. — Chèvrefeuille.
Corolle ouverte et étamines.

Fig. 66. — Chèvrefeuille.
Pistil et calice.

vertes en dessus, pâles et cendrées en dessous ; mais où
sont les queues de ces feuilles, les pétioles ; et comment
se fait-il que le rameau leur passe à travers, juste au
milieu ?

Tout cela s'explique de la façon la plus simple. Ces pla-
teaux, ces coupes à fleurs, sont réellement formées de deux

Fig. 67.
Chèvrefeuille.
Fruit.

feuilles, qui, opposées l'une à l'autre, n'ont
pas acquis de pétiole, et se sont soudées par
la base, sans laisser entre elles de ligne de
démarcation.

2. **Fleurs et fruits du Chèvrefeuille.** —
Les fleurs ne sont pas moins remarquables. Le
calice enveloppe étroitement l'ovaire et se
termine par cinq petites dents, si menues, qu'il
faut y regarder avec soin pour les voir. Mais la
corolle, tantôt purpurine et tantôt d'un blanc
jaunâtre, est amplement développée. Elle forme un long tube
qui s'élargit peu à peu et brusquement se dédouble au sommet en deux parties ou lèvres recroquevillées en dehors.
La lèvre supérieure montre quatre divisions ; la lèvre infé-

rieure est une simple languette. Total, cinq pétales assemblés en une corolle gamopétale.

Cette division en deux lèvres fait songer à la corolle des
Labiées, Lamier, Sauge et les autres ; mais il ne faut pas de
minutieuses observations pour reconnaître entre les deux
genres de corolles une différence profonde. La lèvre supérieure des Labiées est formée de deux pétales, et celle du
Chèvrefeuille de quatre. La lèvre inférieure des Labiées
comprend trois pétales, et celle du Chèvrefeuille un seul.

Fig. 68. — Le Sureau.

Du reste, les étamines et le fruit vont encore mieux accen-
tuer les différences.

En effet, la fleur du Chèvrefeuille a cinq étamines,
toutes égales en longueur, et, comme il est de règle générale, placées bien en face des intervalles séparant les divisions de la corolle. Remarquons encore que les filets, dans
leur partie inférieure, sont soudés avec la corolle, qu'ils
accompagnent dans toute la longueur du tube, en faisant
corps avec ce dernier.

L'ovaire a trois loges, et chacune contient deux ou trois

ovules qui, bien souvent, il est vrai, ne se développent pas
tous et ne parviennent pas à l'état de graines. Mûri, cet
ovaire devient une baie, d'un rouge écarlate. Rien de
plus gracieux que les amas de ces petits fruits rouges s'é-
levant du fond du plateau que forment les deux feuilles
soudées. On dirait un dessert féerique servi dans des
soucoupes de verdure sur la table d'un nain.

3. **Le Sureau.** — Qui ne connaît le *Sureau*, l'arbuste
à écorce rugueuse, hôte des haies, au voisinage des habitations? Ses branches, riches en moelle, faciles à être
converties en canal, nous servent pour faire les *canon-*

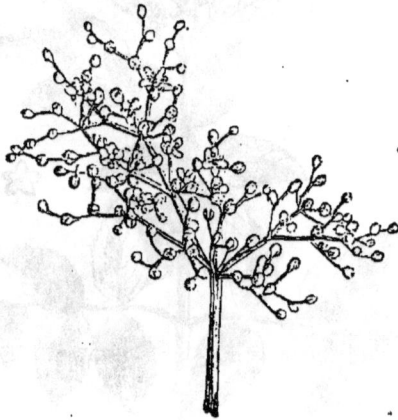

Fig. 69. — Sureau. Corymbe fleuri.

nières, où un tampon d'étoupe, poussé par un refouloir de
bois et comprimant l'air devant lui dans le tube, en chasse
un autre avec détonation. En juin, ses fleurs sont innombrables, et lors de leur chute au pied de l'arbuste, elles
jonchent et blanchissent le sol d'une sorte de neige printanière formée de petites étoiles. Examinons ces fleurs
de près.

Elles sont assemblées en bouquets dont les ramifications
premières partent du même point du rameau, et s'écartent
en divergeant, les plus courtes au centre, les plus longues
au bord, si bien que l'ensemble des fleurs atteint à peu

près le même niveau et forme une large surface presque plane. Dans ces mignonnes fleurs, nous distinguerons un calice à cin divisions soudées par la baie; une corolle également à cinq divisions soudées, de façon qu'elle se détache et tombe tout d'une pièce, sous forme d'une petite roue, bien régulière et cinq fois largement festonnée.

Fig. 70. — Sureau.
Fleur.

Fig. 71. — Sureau.
Pistil et calice.

Fig. 72.
Sureau. Baie couron
née par le calice.

Viennent après cinq étamines, fixées par la base de leur filet à la corolle, qui les entraîne avec elle lors de sa chute. L'ovaire est surmonté directement de trois stigmates, sans l'intermédiaire de styles pour les supporter. Ces stigmates sont dans un cas analogue à celui

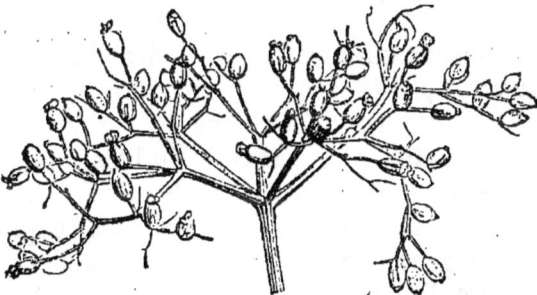

Fig. 73. — Sureau. Fruits non mûris.

des feuilles qui manquent de pétiole, et comme celles-ci on les qualifie de *sessiles*. Le support du style leur manque.

L'ovaire est à trois loges. Il devient une baie noire, pleine d'un jus abondant, rouge violacé, qui, se desséchant, laisse sur les mains des taches bleuâtres.

Les feuilles du Sureau sont amples, divisées en cinq ou
sept parties, ovalaires, pointues, dentelées en scie et que
l'on prendrait volontiers pour autant de feuilles distinctes.
Le tout cependant ne forme qu'une feuille unique, profondément découpée à droite et à gauche de la nervure
médiane, faisant suite au pétiole de la feuille.

Les baies de Sureau, malgré leur jus rougeâtre, ne
sont d'aucune utilité ; quelques oiseaux les mangent. Les
fleurs donnent une infusion sudorifique, c'est-à-dire apte à
provoquer la sueur. Mentionnons, pour terminer, une autre

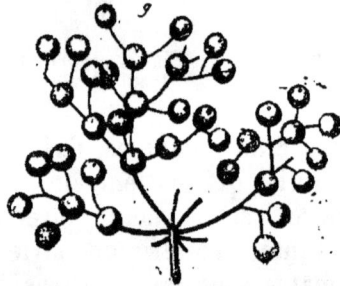

Fig. 74. — Sureau. Fruits mûrs.

espèce de Sureau qui vient au bord des chemins, dans les
lieux frais. La plante acquiert un mètre de hauteur environ ; sa consistance, même dans la tige, n'est pas li-
gneuse, c'est-à-dire n'est pas celle du bois, mais bien celle
d'une herbe. Du reste, les fleurs, les fruits, les feuilles,
sont, à très peu de chose près, conformes à ce que nous venons de dire pour le Sureau ordinaire. On donne à cette
plante le nom d'*Yèble*.

4. **Caprifoliacées.** — La botanique classe le Chèvrefeuille et le Sureau dans la famille des *Caprifoliacées*,
dont le nom vient de *Caprifolium*, dénomination latine
du Chèvrefeuille.

CHAPITRE X

LE BLEUET, LA JACÉE, LA CHICORÉE, LA LAITUE,
LE GRAND SOLEIL, LE SOUCI

1. Le Bleuet. — Au milieu de nos moissons viennent abondamment deux fleurs qui attirent le regard par l'éclat et l'intensité de leur coloris, d'un superbe bleu d'azur pour l'une, d'un rouge écarlate pour l'autre. La première est le *Bluet* ou mieux *Bleuet*, ainsi nommé à cause de sa couleur bleue ; la seconde est le *Coquelicot*. Venues de l'Orient, à une époque très reculée, avec les populations qui apportèrent chez nos sauvages aïeux les animaux domestiques et l'art de l'agriculture, ces deux plantes, compagnes du *Froment*, se sont perpétuées depuis dans les terrains fertiles que remue le travail de l'homme. Le Bleuet va nous occuper aujourd'hui ; le Coquelicot nous occupera plus tard.

Voici une fleur de Bleuet pleinement épanouie. Nous disons fleur pour nous conformer à l'habituel langage, mais nous

Fig. 75. — Le Bleuet.

allons voir combien ici cette expression est fausse. Qu'y a-t-il, en effet, dans une fleur ? Un calice, une corolle, des étamines, un pistil, dont les pièces, libres ou soudées, s'arrangent en cercles concentriques. Où sont ici ces cercles successifs, ces verticilles disposés avec tant d'ordre? Rien de semblable ne se voit; c'est un amas confus, où le regard s'égare sans parvenir à distinguer ce que nous pensions y trouver. Mais examinons les choses de plus près, et ce qui nous paraît confusion deviendra délicat arrangement.

Du bout des doigts, enlevons une des pièces composant au centre du Bleuet une sorte de pompon de couleur pourpre. La voici isolée. Regardons-la bien. En bas est

Fig. 76.- -Bleuet.
Fleur fertile.

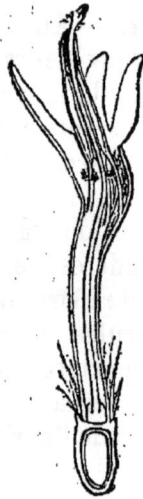

Fig. 77. — Bleuet.
Coupe d'une fleur fertile.

un ovaire, contenant une semence unique. Une aigrette de poils fauves le couronne. C'est là le calice. Au-dessus s'élève une corolle tubuleuse, dont le haut se découpe en cinq lanières purpurines. Viennent ensuite cinq étamines, dont les anthères noirâtres sont soudées entre elles et forment un étroit défilé dans lequel s'engage le pistil. Enfin celui-ci se bifurque en un double stigmate. Le tube de la corolle étant ouvert avec la pointe d'une fine aiguille, nous verrons les étamines se fixer par leurs filets sur les parois de ce tube, et le pistil monter du fond pour traverser le défilé des anthères. C'est bien là une fleur, une véritable fleur, à laquelle il ne manque rien, pas même le calice, représenté par une délicate aigrette.

Mais alors qu'est le reste du Bleuet? Prenons une autre pièce du pompon central. Même structure, même aigrette de poils, même corolle tubuleuse à cinq lanières, même cylindre formé des cinq anthères soudées, même pistil à stigmate bifurqué. Donc encore une fleur exactement pareille à la première. Et continuant ainsi pour toutes les pièces purpurines du centre, nous reconnaîtrions que chacune est une fleur.

Restent les pièces de la circonférence, colorées en bleu

Fig. 78.—Bleuet.
Etamines réunies
par les anthères.

Fig. 79.
Bleuet.
Pistil.

Fig. 80. —Bleuet.
Fleur stérile.

d'azur. La figure 80 nous en montre une séparée. Voilà bien, au bout inférieur, un ovaire, beaucoup plus petit que le précédent; voilà bien une aigrette formant calice, puis une corolle à tube étroit, dont le limbe s'épanouit en un entonnoir irrégulier, fortement dentelé sur le bord; mais, au centre, pas d'étamines et pas de pistil. C'est une fleur incomplète, à laquelle il manque les organes principaux, les étamines et le pistil sans lesquels il n'y a pas de fruit possible. Et voyez, en effet, ce tout petit ovaire, ou plutôt ce semblant d'ovaire accompagnant la fleur; comparez-le avec celui de la fleur précédente, et le soupçon vous viendra que ce chétif avorton est incapable de grossir pour devenir semence propre à germer.

4.

Effectivement, cet ovaire dépérit, se dessèche sans
éprouver d'accroissement. La fleur qui en est m nie est
appelée *stérile*, parce qu'elle ne peut donner de graine,
de fruit ; et celle dont l'ovaire devient semence est appelée
fertile.

Maintenant, la lumière commence à se faire. Le Bleuet
n'est pas une fleur, mais bien un ensemble de fleurs, de
très petites fleurs, rangées côte à côte en un bouquet commun qu'on appelle *capitule*, c'est-à-dire petite tête. Dans
ce groupe, les fleurs centrales, plus modestes de coloration,
plus régulières de forme, sont seules fertiles et donnent
des semences qui, germant, deviendront de nouvelles
plantes au milieu des moissons futures ; celles de la circonférence, à corolle plus ample, à coloris plus vif, sont
un simple ornement de cette société florale ; elles ont
perdu l'utile pour acquérir le beau, elles ne donnent pas
de semences, dépourvues qu'elles sont d'étamines et de
pistil.

Pour envelopper ce groupe de délicates fleurettes, il
faut une enceinte protectrice qui soit à leur égard ce qu'est
un robuste calice par rapport à une fleur ordinaire ; il faut
enfin un vêtement extérieur, un surtout défensif qui protège des intempéries. Ce vêtement extérieur existe. Voyez
à la base du capitule ces écailles coriaces, frangées de
cils, verdâtres sur le dos, rembrunies sur les bords. Elles
sont étroitement *imbriquées*, c'est-à-dire disposées en
recouvrement l'une sur l'autre à la manière des briques
d'une toiture. Cette enveloppe résistante, sorte de calice
commun, se nomme *involucre*, et les pièces qui la composent portent le nom d'*écailles* ou de *bractées*.

Ce n'est pas tout : lorsqu'il porte une fleur unique, le
rameau floral reste menu à son extrémité, autour de
laquelle se groupent sépales, pétales, étamines et pistils ;
mais pour le Bleuet, c'est bien une autre affaire : l'extrémité du rameau doit servir de point d'attache à une multitude de fleurs, qui toutes doivent y trouver une place convenable. Pour recevoir cet amas de fleurs, l'extrémité du
rameau floral s'épaissit donc et gagne en largeur, en

formant une espèce de plateau charnu sur lequel les fleurs se dressent avec les écailles de l'involucre pour rempart. Ce plateau terminal se nomme le *réceptacle*.

2. **La Jacée.** — La *Jacée* est très voisine du Bleuet, à tel point que la science les désigne du même nom, celui de *Centaurée*. Il y a ainsi la *Centaurée Bleuet* et la *Centaurée Jacée*, sans compter une foule d'autres. On pourrait les dire, non plantes sœurs, mais plantes cousines. La ressemblance cependant ne s'étend pas jusqu'à la coloration, chose d'ailleurs fort variable, comme le témoigne au besoin le Bleuet, qui, malgré son nom, est parfois d'un blanc pur. La Jacée a ses fleurs d'un rose tendre ; elle habite les

Fig. 81. — Bleuet. Coupe du réceptacle.

prairies. Quant à sa structure, c'est exactement celle du Bleuet. Passons outre pour voir du nouveau.

3. **Pissenlit.** — Ce nouveau sera le *Pissenlit*, qui, de ses fleurs jaunit les près et les pelouses. C'est encore ici, avec quelques différences dans les détails, la complication du Bleuet et de la Jacée. Enlevons, pour l'examiner à part, l'une des pièces composant la prétendue fleur. La voici séparée et fortement grossie (fig.83). En bas est l'ovaire à une seule semence ; une délicate aigrette de poils soyeux constitue le calice. C'est la répétition de l'ovaire et de l'aigrette du Bleuet. Les choses se maintiendraient-elles les mêmes jusqu'au bout? Oh! que non : la nature est d'une variété infinie, même dans ses plus petits ouvrages. Voici en effet que la corolle, d'abord tube étroit, se fend dans sa moitié supérieure et s'étale en une languette jaune dont l'extrémité supérieure est festonnée de cinq petites dentelures. Il y a donc là cinq pétales assemblés ; mais au lieu de former une sorte de long entonnoir avec embouchure

couronnée de cinq lanières, les pétales du Pissenlit sont arrangés en une lame plate sur plus de la moitié de la corolle.

Continuons notre examen. Nous constatons cinq étamines, dont les anthères sont soudées en un cylindre dans le canal duquel s'engage le pistil. Celui-ci se termine par deux stigmates velus. Le Bleuet nous a montré pareille soudure des anthères et pareille stigmate bifurqué.

Fig. 82. — Le Pissenlit.

Fig. 83. — Pissenlit.
Fleur isolée.

Ce que nous venons de décrire est une fleur du Pissenlit, une fleur complète, pourvue, dans sa petitesse, de toutes les pièces nécessaires. Les grandes fleurs de la Pervenche et du Laurier-rose, du Liseron et du Tabac, n'en ont pas davantage. C'est bel et bien une fleur en parfait état de structure. Or chaque languette jaune, et elles sont très nombreuses, chaque languette jaune du Pissenlit est une

petite fleur pareille; que nous la prenions au centre de
l'amas, dans l'épaisseur des rangs ou bien sur les bords,
elle est partout construite comme nous venons de le
dire.

Ainsi la prétendue fleur du Pissenlit est en réalité un
amas innombrable de petites fleurs. Un involucre de bractées
vertes, en partie redressées, en partie réfléchies vers le
bas, forme à l'ensemble enveloppe commune. La tige qui
les porte est une *hampe* comme pour la Primevère. A ceux
qui l'auraient oublié, nous rappellerons qu'on appelle
hampe une tige sans feuilles et sans ramifications, terminée par des fleurs. La hampe de Pissenlit est creuse,
mais au sommet elle devient pleine et de plus elle s'élargit

Fig. 84. — Pissenlit.
Involucre dont une
partie des bractées
se réfléchit.

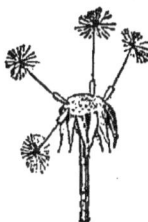

Fig. 85. — Pissenlit.
Capitule dont les se-
mences se sont pour
la plupart envolées.

en un réceptacle suffisant pour recevoir des rangs pressés
de fleurs.

Le joli nom de capitule évidemment doit s'appliquer ici :
le Pissenlit, comme le Bleuet, dispose ses fleurs en amas,
en petites têtes. A la maturité, que devient ce capitule? Il
devient une gracieuse houppe ronde dont les pièces s'envolent au moindre souffle et flottent mollement dans l'air.
Voyez : sur le capitule mûr que représente la figure 85,
un souffle léger a couru et tout s'est envolé, moins quatre
pièces encore en place, fixées par la base dans les fossettes
dont le réceptacle est creusé. Ces pièces sont des fruits,
des ovaires mûris, à une seule graine.

Le calice les surmonte, rétréci d'abord en une longue et fine tige, puis épanoui en un cercle de poils soyeux. Cette aigrette, si molle et si légère, est pour la semence un parachute qui la maintient en l'air, donne prise au moindre vent et transporte ainsi la graine à de grandes distances, en des points où elle pourra germer. Qui n'a vu dans le creux des rochers escarpés et sur la crête des vieilles murailles, fleurir le Pissenlit, en compagnie de bien d'autres plantes? Comment s'est-il installé en ces hauteurs inaccessibles? Il y est parvenu au moyen de ses graines à parachute, soulevées de terre par un souffle d'air. L'aigrette est pour la semence un appareil de voyage. Nous avons vu le Gaillet-Gratteron happer des crochets de ses graines le mouton qui passe et se faire voiturer par le troupeau; voici maintenant le Pissenlit qui se fait voiturer par l'air. Chaque végétal a ses ressources pour disséminer ses graines et se propager là où conviennent le climat et le sol.

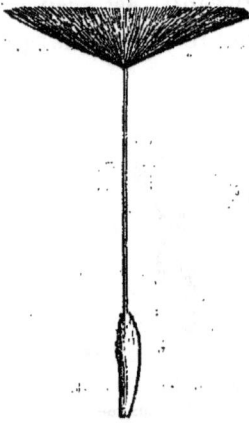

Fig. 86. — Semence à aigrette du Pissenlit.

4. Fleurons et demi-fleurons. — Une différence bien nette distingue les petites fleurs formant le capitule du Bleuet de celles que nous venons de reconnaître dans le capitule du Pissenlit. La corolle des premières est un tube évasé; celle des secondes, tubuleuse dans sa moitié inférieure, s'ouvre et s'aplatit en une languette dans sa moitié supérieure. Cinq pétales, d'ailleurs, entrent dans la composition de l'une et de l'autre corolle; seulement, pour le Bleuet, la soudure se maintient égale, en laissant cinq lanières libres et pareilles à l'embouchure, tandis que, pour le Pissenlit, la soudure cesse brusquement sur la face d'en haut, comme si la corolle s'était fendue d'un seul côté, puis aplatie. On indique cette différence en appelant *fleurons* les petites fleurs du Bleuet, et *demi-fleurons* celles du Pissenlit. Imaginons que le fleuron soit fendu du côté qui regarde le jour, non dans toute sa longueur mais dans sa moitié terminale, supposons encore que, la fente opérée, ce qui était tubuleux devienne languette aplatie, et nous aurons alors tout juste le demi-fleuron. Ou bien encore, prenons un demi-fleuron, replions sa languette en tube, soudons les bords rapprochés, et nous reproduirons le fleuron. Une fente en plus ou en moins, une corolle continuant de rester tubuleuse ou bien s'étalant en lame, telle est en somme toute la différence.

5. La Chicorée et la Laitue. — À l'état sauvage, la *Chicorée* vient dans les terrains arides, au bord des chemins et des sentiers. C'est une plante d'aspect raide, dont les rameaux, courts et sans souplesse, s'écartent de la tige à angle droit. Elle n'a de remarquable que ses fleurs d'un beau bleu, construites sur le modèle de celles du Pissenlit, c'est-à-dire rassemblées en capitules et configurées en demi-fleurons.

Telle qu'elle vient à l'état naturel dans nos champs, la *Laitue* n'est pas davantage une plante flattant le regard. Ses tiges effilées, ses feuilles hérissées de poils en aiguillon, ses fleurs sans éclat, n'attirent guère l'at-

Fig. 87. — La Chicorée

tention. Du reste, que verrions-nous dans les fleurs de la Laitue? Précisément ce que nous venons de voir dans le Pissenlit : des amas, des capitules de demi-fleurons d'un jaune très pâle.

Admise dans nos cultures, la Chicorée fournit de la salade, à saveur d'amertume. Cette saveur est plus forte encore dans la Laitue sauvage, d'où suinte un suc blanc, une sorte de lait très amer, à propriétés malfaisantes. Dans les Laitues cultivées pour salade, à peu près rien ne reste de ce qui fait de la Laitue sauvage un poison assez dangereux, tant nos soins longtemps continués améliorent la

plante aussi bien que l'animal. Du reste, le jardinier a sa méthode pour adoucir ce qui est trop fort, rendre tendre ce qui est trop dur: c'est l'*étiolement*. Pour verdir, toute plante a besoin des rayons du soleil ; dans l'obscurité, elle pâlit et devient même blanche. En même temps la saveur déplaisante s'affaiblit, les propriétés nuisibles disparaissent, la feuille coriace s'attendrit. Le jardinier lie donc avec un jonc les Laitues assez grosses ; il en rapproche les feuilles l'une contre l'autre, il les met en paquet au lieu de les

Fig. 88. — Le Souci.

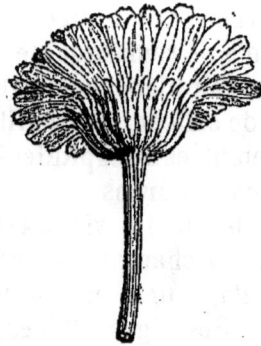

Fig. 89. — Le Souci, vu par le dos et montrant l'involucre.

laisser s'étaler librement à la lumière. La partie centrale du feuillage, ainsi privée de lumière, devient blanche, tendre et dépourvue d'amertume. Voilà l'étiolement.

6. **Le Souci.** — Robuste et de culture facile, doué de grandes fleurs d'un jaune orangé vif, le *Souci* est au nombre des plantes ornementales du plus modeste jardin. Nos soins lui sont peu nécessaires. Qu'on le laisse en paix végéter, répandre ses graines, et il se multipliera promptement à la ronde.

Il faudrait avoir oublié le Bleuet et le Pissenlit pour ne

pas reconnaître aussitôt dans les prétendues fleurs du Souci
de véritables capitules ; seulement ici les deux genres de
petites fleurs sont associés : les fleurons dans la partie centrale, les demi-fleurons au bord.

La figure 90 nous montre une des petites fleurs du
centre. L'aigrette surmontant l'ovaire manque ; mais la
corolle tubuleuse, avec cinq divisions égales à l'embouchure, ne nous laisse pas un moment indécis ; il en est de
même des cinq étamines, dont les anthères soudées forment
un cylindre qui traverse le pistil. Voilà bien le fleuron,
construit comme celui du Bluet et de la Jacée.

Voici maintenant une petite fleur du bord (fig. 91). N'est-

Fig. 90.
Souci,
fleuron.

Fig. 91.
Souci,
demi
fleuron.

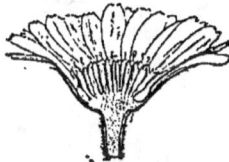

Fig. 92. — Souci,
capitule.

Fig. 93.
Souci, graine.

ce pas là le demi-fleuron du Pissenlit avec sa corolle aplatie
supérieurement en languette ? Les étamines manquent,
mais le pistil se montre, terminé par un double stigmate.
Ainsi dans les capitules du Souci, les petites fleurs de la
circonférence sont moins complètes que celles de l'intérieur,
elles sont dépourvues d'étamines ; mais en compensation,
elles possèdent une corolle plus ample, à coloris plus vif.
Ces demi-fleurons sans étamines sont avant tout l'ornement
du capitule ; ils embellissent l'amas central d'une couronne
richement colorée, de même que dans les capitules du
Bluet les fleurons extérieurs, plus grands et d'un superbe
bleu de ciel, forment une élégante collerette où ne se
trouvent ni étamines ni pistils.

Bref, le capitule du Souci nous montre, au centre, les fleurons du Bluet, à la circonférence les demi-fleurons du Pissenlit, abstraction faite des étamines absentes.

7. **Le grand Soleil.** — Sur une grosse tige de deux mètres de hauteur, le *grand Soleil* épanouit ses énormes capitules, façonnés en plateau larges d'un pan, rembrunis au centre par les anthères des fleurons, ornés à la circonférence des languettes rayonnantes et jaunes des demi-fleurons. Il y a là une certaine ressemblance avec le disque

Fig. 94. — Capitule du grand Soleil.

du soleil, couronné de ses rayons de lumière, et c'est ce que rappelle le nom de la plante. Sur ces capitules, qui se prêtent si bien à l'observation par leur ampleur et celle de leurs parties, nous retrouverions ce que vient de nous montrer le Souci : sur la partie centrale, sur le *disque* comme on dit, des fleurons; et sur le bord, une rangée de demi-fleurons. Ajoutons que les graines du grand Soleil, grosses et nombreuses, servent à nourrir, engraisser la volaille; elles fournissent une huile utilisable aussi bien pour la préparation des aliments que pour l'éclairage. Cette magnifique plante a pour pays natal le Pérou.

8. Composées. — Si, nous conformant à l'usage, nous continuons à donner le nom de fleurs aux capitules du Bluet, du Pissenlit, du Souci et autres, il est clair maintenant qu'un terme explicatif doit être ajouté pour ne pas confondre une fleur unique avec un amas de fleurs. Nous dirons donc que ces capitules sont des *fleurs composées*, voulant entendre par là que dans leur composition il entre une multitude de petites fleurs distinctes. Le groupe lui-même des plantes à capitules construits comme ceux du Bluet, du Pissenlit et du Souci, forme la famille des *Composées*.

Trois divisions sont à établir dans cette famille. Premièrement, *la division où les capitules sont en entier formés de fleurons*. Là se rangent le *Bluet* et la *Jacée*, là prennent place les *Chardons*, majestueux de port, portant des capitules en volumineux pompons, mais à feuillage hérissé de féroces épines; là se classe l'*Artichaut*, dont les fleurs ressemblent à d'énormes Bluets, et qui nous fournit pour nourriture les écailles de son involucre, ainsi que la masse charnue de son réceptacle.

Secondement, *la division où les capitules sont en entier formés de demi-fleurons*. Là se trouvent le *Pissenlit*, la *Laitue*, la *Chicorée*.

Enfin *la division où les capitules sont formés de fleurons au centre et de demi-fleurons à la circonférence*. Les fleurs de cette division sont dites *radiées*, à cause des demi-fleurons du bord, qui s'étalent autour du capitule comme autant de rayons. A ce groupe appartiennent le *Souci*, le *grand Soleil*, la *Reine-marguerite* des prairies ainsi que la *Pâquerette*

CHAPITRE XI

LES CAMPANULES

1. La Campanule carillon. — Que veut dire *Campanule*, s'il vous plaît? Si vous l'ignorez, apprenez que cela signifie petite cloche. Joli nom, et bien fait, car il dit la forme de la chose signifiée. N'est-ce pas vraiment une cloche que la fleur ici figurée, une élégante petite cloche, avec son battant au milieu? Il ne lui manque que d'être sonore pour mériter tout à fait son prénom de *carillon*. Les abeilles qui la visitent, en récolte du miel, souvent la mettent en branle, sans la faire carillonner. Les sonorités du bronze ne sont pas son partage, mais elle a pour elle une splendide coloration bleue. L'élégante fleur croît sauvage dans les maigres bosquets des collines du Midi, mais nos jardins, depuis longtemps, l'ont admise dans leurs banquettes ornementales.

Fig. 95. — La Campanule carillon.

Or toute fleur ayant forme de clochette, pour ce motif seul n'est pas une Campanule. Le Liseron des haies, à grande corolle blanche, n'est-il pas, lui aussi, une clochette, beaucoup plus large d'orifice et moins ventrue? Cependant la belle clochette blanche n'est pas du tout une Campanule. Pour décider la chose, il ne faut pas s'en rapporter seulement à la forme de la corolle; il faut surtout examiner l'intérieur. Passons donc en revue, dans toutes ces parties, la véritable Campanule.

C'est d'abord un calice à cinq divisions. En outre, à leur point de jonction, les pièces du calice produisent cinq appendices ventrus, réfléchis en bas, contre l'ovaire. Ces appendices accessoires s'observent dans la Campanule carillon et quelques autres, mais non dans toutes, tant s'en faut. Ce que l'on retrouve toujours, n'importe l'espèce de Campanule, c'est un calice gamosépale, à cinq divisions,

Fig. 96.
Campanule carillon.
Ovaire et calice.

Fig. 97.
Campanule carillon.
Étamines et pistil.

étroitement soudé avec l'ovaire et faisant corps avec lui. Voilà une première différence qui sépare la Campanule du Liseron, où l'ovaire se montre au fond de la corolle, libre d'adhérence avec les organes voisins.

La corolle est bleue, plus rarement blanche, en forme de cloche ventrue, ornée au bord de cinq larges dents, correspondant aux cinq pétales soudés.

Les étamines, au nombre de cinq, sont libres, tandis qu'elles sont soudées avec la base de la corolle dans le Liseron, ce qui nous fournit une seconde différence bien nette. Au bout inférieur, leurs filets s'élargissent en écailles concaves. Les anthères sont rapprochées en un faisceau cylindrique, mais sans être soudées entre elles, comme nous venons de le voir au sujet des Composées.

Le style, terminé par plusieurs stigmates, semblables
à de menus bouts de fil, est hérissé dans toute sa longueur
de poils raides, de façon qu'il ressemble à une de ces
brosses cylindriques que nous employons pour nettoyer les
cheminées des lampes.

A quoi bon cette brosse du pistil? Voici l'affaire. Pour
devenir fruit, l'ovaire a besoin du concours du pollen,
dont les grains doivent arriver sur le stigmate d'une façon
ou de l'autre. En temps opportun, plus tard, viendra la
preuve de ce fait si remarquable. Pour le moment, ad-
mettons-le de confiance. Eh bien, comment si prend la

Fig. 98.
Campanule carillon. Pistil
et une étamine.

Fig. 99.
Campanule carillon.
Pistil.

Campanule pour poudrer de pollen son pistil? Cela se fait
d'une bien ingénieuse manière, vous allez voir.

Nous savons que dans une anthère il y a deux loges à
pollen, loges qui s'ouvrent presque toujours par une fente
longitudinale regardant le centre de la fleur. Cela dit,
considérons les cinq anthères rapprochées en un cylindre
dont le canal est occupé par le pistil en brosse. Le pollen
s'échappe des loges à l'intérieur de ce canal. Le style,
d'abord court, s'allonge en brossant de ses poils la paroi
poudreuse du cylindre qui l'entoure, et c'est ainsi qu'il
emporte avec lui la poussière pollinique nécessaire au
développement et à la maturité de l'ovaire.

Quel ordre, quelle délicatesse d'arrangement, quelle
précision jusque dans les plus petites choses! Récapi-
tulons : les anthères s'ouvrent par leur face intérieure,

elles se rapprochent en un cylindre; dans ce cylindre s'engage le pistil, qui peu à peu s'allonge, brosse en passant son étui poudreux; et c'est fait, le pistil est garni de pollen. Supprimez une de ces conditions et le délicat mécanisme ne peut plus fonctionner.

Ce n'est pas ainsi que les choses se passent dans le Liseron, où le pollen parvient au stigmate par des moyens que nous aurons à étudier bientôt. L'habit, dit-on, ne fait pas le moine; la forme en cloche de la corolle ne fait pas davantage la Campanule; les quelques détails qui précèdent le prouvent assez. Or savez-vous où nous trouverions des détails de structure voisins de ceux de la Campanule? Nous les trouverions, non dans le Liseron malgré sa forme de clochette, mais bien dans les fleurs composées, dans celles du Bluet, du Souci, des Chardons, qui semblent d'abord n'avoir rien de commun avec la Campanule. Il faut bien qu'il y ait entre elles quelque ressemblance intime, en dépit de la dissem-

Fig. 100. — La Campanule raiponce.

blance apparente, puisque dans ces leçons, où les plantes se succèdent, non au hasard comme vous pourriez le croire, mais d'après un ordre conforme aux préceptes de la science, les Campanules viennent immédiatement après les Composées.

Essayons de montrer cette intime ressemblance. Considérons un fleuron de Souci ou de grand Soleil. La corolle a la forme d'une clochette allongée, très petite, il est vrai. Et d'un. Les anthères sont rapprochées en un cylindre, et de plus soudées entre elles. Et de deux. Le pistil, en

s'allongeant dans l'étui qu'elles forment, les brosse en passant et emporte avec lui le pollen. Et de trois. Qu'exiger de plus pour s'expliquer pourquoi les Campanules sont classées au voisinage des Composées! Un fleuron de Souci est presque une Campanule.

Pour terminer, deux mots du fruit. C'est une capsule en forme de toupie, revêtue par le calice, ne se séparant jamais. Sur les flancs de cette toupie s'ouvrent de trois à cinq trous, par où sortent les semences, très fines et très nombreuses.

2. La Campanule raiponce. — A part le calice, dépourvu des cinq appendices reconnus dans la Campanule carillon, la fleur de la Campanule raiponce nous montrerait exactement la structure que nous venons de décrire. Les feuilles de cette plante sont étroites, allongées, délicates, tandis qu'elles sont assez larges et rudes dans la Campanule carillon. D'autre part, la racine de la Campanule raiponce est charnue, blanche et figure assez bien un très long navet. Commune dans toute la France, au bord des bois, des chemins et des pâtures, la Raiponce est admise dans nos cultures, à cause de sa racine comestible ainsi que son feuillage.

3. Campanulacées. — C'est ainsi que se désigne la famille des Campanules, dont quelques-unes nous fournissent de magnifiques plantes d'ornement, et d'autres nous donnent des racines alimentaires. Presque toutes ont un suc blanc, de saveur douce.

CHAPITRE XII

LA CAROTTE. — L'ANGÉLIQUE

1. La Carotte. — Il suffit de prononcer le nom de *Carotte* pour éveiller le souvenir de ces longues racines charnues, de couleur orangée, d'odeur aromatique, de saveur douceâtre, dont il se fait fréquent emploi dans les préparations de la cuisine. Il y en a de façonnées en pivot pointu d'une paire de pans de longueur; il y en a d'autres conformées en pain de sucre, d'autres encore qui se ramassent en une courte épaisseur. Toutes sont remarquables par l'abondance et la bonne saveur de la chair.

Or ce n'est pas avec ce volume, cette chair juteuse et

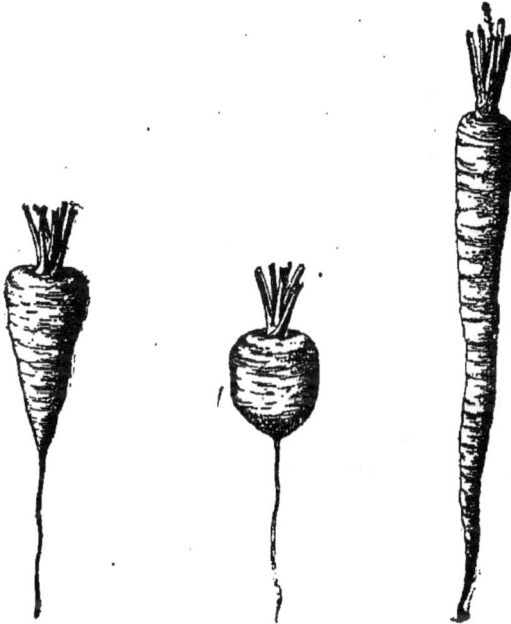

Fig. 101. — Racine de la Carotte

sucrée, que vient la Carotte sauvage, car la plante végète, livrée à elle-même et fort nombreuse, jusque dans les terrains les plus arides. Il n'est pas de champ abandonné, de surface pierreuse, de pelouse au bord des sentiers où elle ne croisse. La racine est alors une sorte de cordon effilé en queue de rat, maigre, aride, dur, de goût déplaisant. Et pourtant, de ce sauvageon sans valeur, provient la Carotte de nos cultures.

Vous vous figurez peut-être que, de tout temps, en vue

5.

de notre alimentation, le Poirier s'est empressé de pro
duire de gros fruits à chair fondante; que la Carotte et le
Navet, pour nous faire plaisir, ont gonflé leur racine de
pulpe savoureuse; que le Chou cabus, dans le dessein de
nous être agréable, s'est avisé lui-même d'empiler en tête
compacte de belles feuilles blanches. Vous vous figurez
que le Froment, le Potiron, la Vigne, la Pomme de terre,
la Betterave et tant d'autres encore, épris d'un vif intérêt
pour l'homme, ont de leur propre gré toujours travaillé
pour lui. Vous croyez que la grappe de la Vigne est pareille
maintenant à celle d'où Noé retira le jus qui le grisa; que
le Froment, depuis qu'il a paru sur la terre, n'a pas
manqué tous les ans de produire une récolte de grain;
que la Betterave et le Potiron avaient, aux premiers jours
du monde, la corpulence qui nous les rend précieux. Il
vous semble, enfin, que les plantes alimentaires nous
sont venues dans le principe telles que nous les possédons
maintenant.

Détrompez-vous. La plante se préoccupe fort peu de nos
intérêts; elle vit pour elle et non pour l'homme. C'est à
nous, par notre travail, nos soins, notre réflexion, à tirer
parti de ses aptitudes en les améliorant. La plante sauvage est pour nous une triste ressource alimentaire; elle
n'acquiert de la valeur qu'en passant par les mains de la
puissante fée ayant nom *Industrie humaine*. Sous la baguette de la sublime magicienne, sous le stimulant du travail, les espèces se transforment jusqu'à devenir mécon-
naissables. Et voilà comment la maigre et coriace queue de
rat de la Carotte sauvage est devenue la volumineuse et
succulente racine de la Carotte cultivée.

Encore une paire d'exemples sur cet important sujet.
Sur les falaises océaniques, exposées à tous les vents, croît
naturellement un Chou, haut de tige, à feuilles rares,
échevelées, d'un vert cru, de saveur âcre, d'odeur forte.
Qu'attendre de ce sauvageon? Il n'a certes pas bonne
mine. Qui sait? Sous ses agrestes apparences, il recèle
peut-être de précieuses aptitudes.

Pareil soupçon vint apparemment à l'esprit de celui qui,

le premier, à une époque dont le souvenir s'est perdu, admit le Chou des falaises dans ses cultures. Le soupçon était fondé. Par les soins incessants de l'homme, le Chou sauvage s'est amélioré; sa tige s'est affermie; ses feuilles, devenues plus nombreuses, se sont emboîtées, blanches et tendres, en tête serrée, et le Chou pommé a été le résultat final de cette magnifique métamorphose.

Et le Poirier sauvage, le connaissez-vous. C'est un affreux buisson, armé de féroces épines. Ses poires, toutes petites, âpres et dures, semblent pétries de grains de graviers. Oh! le détestable fruit, qui vous serre la gorge et vous agace les dents! Celui-là certes eut besoin d'une rare inspiration qui le premier eut foi dans l'arbuste revêche et entrevit, dans un avenir éloigné, la poire beurrée que nous mangeons aujourd'hui. Avec le temps et les soins, la miraculeuse métamorphose s'est faite. Le sauvageon s'est civilisé; il a perdu ses épines et remplacé ses mauvais petits fruits par des poires à chair fondante et parfumée.

De même, avec la grappe de la Vigne primitive, dont les grains ne dépassent pas en volume les baies du Sureau, l'homme, à la sueur du front, s'est acquis la grappe de la Vigne actuelle; avec quelque pauvre gramen aujourd'hui inconnu, il a obtenu le Froment; avec quelques misérables arbustes, quelques herbes de peu de valeur, il a créé ses races potagères et ses arbres fruitiers.

La terre, pour nous engager au travail, loi suprême de notre existence, est pour nous une rude marâtre. Aux petits des oiseaux, elle donne abondante pâture; à nous, elle n'offre de son plein gré que les mûres de la Ronce et les prunelles du buisson. Ne nous en plaignons pas, car la lutte contre le besoin fait précisément notre grandeur. C'est à nous, par notre intelligence, à nous tirer d'affaire; c'est à nous à mettre en pratique la noble devise : Aide-toi, le ciel t'aidera.

Voyez donc un peu où nous a conduits la Carotte! Les rondelles jaunes formant garniture d'un plat de mouton nous parlent de la sainte loi du travail. Tenons-nous-en là, et revenons vite à la plante. Donnons un coup d'œil à son

.feuillage, bien différent de tout ce que nous avons vu jus-.
qu'ici. Les feuilles, en effet, sont découpées en une multitude de petites pièces, réunies les unes aux autres par les
ramifications successives de la nervure du milieu. Le pétiole s'élargit à la base et forme une *gaine* enveloppant la
tige .Celle-ci est creuse; elle est cannelée, c'est-à-dire la-
bourée de fins sillons dans le sens de sa longueur. Remarquons encore que toute la plante, racine, tige, rameaux
et feuillage, répand, froissée, une assez forte odeur
aromatique.

Il nous reste à voir les fleurs et les fruits. Quand on la
destine à l'alimentation, on ne laisse
pas fleurir la Carotte, on ne lui
donne pas même le temps de pousser
sa tige, car alors la racine devien-
drait dure et perdrait sa valeur. On
l'arrache n'ayant encore que le
bouquet de feuilles de la base. Mais
pour obtenir des graines en vue du
semis futur, on laisse monter quelques pieds, qui achèvent leur développement, fleurissent et fruc-
tifient. C'est sur ces pieds-là que
portera notre examen.

Fig. 102. — La Carotte.

De l'extrémité de chaque rameau florifère, partent, en
divergeant, des ramifications, comme s'élèvent, de leur
support commun, les fines tiges d'acier servant d'appui aux
baleines d'une ombrelle. A la base de ce faisceau de
ramifications est une collerette de petites feuilles, découpées en lanières étroites. Nous donnerons à cette
collerette le nom d'*involucre*, et à l'ensemble des menus
rameaux que l'involucre entoure le nom d'*ombelle*. A une
lettre près, ombrelle et ombelle c'est tout un. Les deux
mots, en effet, signifient même chose; seulement ombelle
vient du latin. En quoi l'ombrelle a-t-elle ici affaire? Nous
venons de le dire : les ramifications de l'ombelle sont disposées comme les tiges supportant les baleines d'une
ombrelle.

Au bout de chaque ramification se répète même agencement. Il y a d'abord une collerette de fines feuilles; c'est la reproduction en petit de la collerette générale d'en bas. Aussi lui donne-t-on le nom d'*involucelle*, diminutif du terme involucre. Puis vient un groupe de petits rameaux terminés chacun par une fleur. Ces rameaux, issus du même point, sont exactement disposés comme les rayons de l'ombelle, ce qui a valu à chacun de leurs groupes le nom d'*ombellule*, diminutif du mot d'ombelle.

Nous avons déjà reconnu dans la Primevère un arrangement des fleurs en ombelle, avec involucre à la base du faisceau de ramifications; mais ici, dans la Carotte, l'om-

Fig. 103. — Ombelle composée sans involucre et sans involucelles.

belle se complique et devient *composée*, en ce sens que chaque rayon du faisceau, au lieu de se terminer par une fleur, se couronne d'un second faisceau pareil, mais plus petit, enfin d'une ombellule, dont les menus rameaux portent les fleurs.

Au moment de la floraison, l'ombelle de la Carotte forme une ample surface plane, bien étalée, couverte d'innombrables fleurettes blanches. Regardons au centre de l'amas : nous y trouverons une fleur différente des autres, d'un pourpre presque noir. A ce signe seul, nous reconnaîtrions l'ombelle de la Carotte de toute autre ombelle appartenant à des plantes de la même famille.

Les ramifications sont, disons-nous, d'abord largement

étalées; puis, une fois les corolles tombées et les fruits en voie de mûrir, les rayons de l'ombelle se recroquevillent, se recourbent en dedans, s'entassent les unes sur les autres, et le tout prend l'aspect d'une sorte de petit nid d'oiseau gauchement construit.

Parlons maintenant de la fleur. Le calice semble absent, soudé qu'il est avec l'ovaire. Toutefois on reconnaît cinq dents, mais si petites, qu'il faut y regarder de bien près pour les apercevoir. On n'y donnerait attention si elles ne représentaient ce qui reste de libre de l'enveloppe extérieure de la fleur.

La corolle est petite, blanche et formée de cinq pétales distincts l'un de l'autre, qui se détachent et tombent séparément lorsque la fleur se fane. Jusqu'ici nous n'avions rencontré dans nos études que des corolles à pétales soudés ou, comme on dit, des corolles gamopétales. Voici que maintenant commence, avec la Carotte, une série de plantes dont les corolles possèdent des pétales non soudés entre eux.

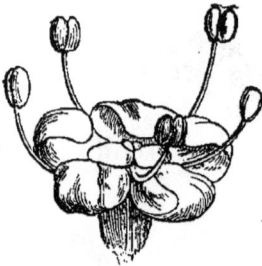

Fig. 104. — Fleur d'une Ombellifère, le Fenouil.

Dans l'ombelle de la carotte, toutes les corolles n'ont pas même ampleur : celles du bord sont plus grandes que celles du milieu, et de plus les pétales tournés vers l'extérieur de l'ombelle y sont plus développés que les pétales regardant l'intérieur. Cela pourrait bien provenir de ce que sur le bord la place est libre et permet à la corolle de s'étendre à l'aise, tandis qu'à l'intérieur, serrées l'une contre l'autre, les fleurs se gênent mutuellement.

Cinq étamines alternent avec les cinq pétales. Deux styles fort courts surmontent l'ovaire. Celui-ci est à deux loges. Mûri, il donne deux semences hérissées de petits aiguillons crochus qui servent à la dissémination, comme le font ceux du Gaillet gratteron. Avant de se détacher, les deux semences se séparent et restent suspendues chacune à un long filament. Baignées alors de tous côtés par

l'air et la lumière, elles achèvent de prendre la consistance
favorable à leur conservation.

2. **L'Angélique.** — Ce serait une curieuse histoire que
celle des noms des plantes, mais un peu difficile pour
nous. Entre autres choses, on y verrait comment l'homme,
croyant trouver en beaucoup d'entre elles un soulagement
à ses maux, leur a donné des noms rappelant des propriétés trop souvent, hélas! imaginaires. En voici une, par
exemple, qui porte un nom bien prétentieux, l'*Angélique*.
Qu'a-t-elle fait pour mériter cette pompeuse dénomina-

Fig. 105. — L'Angélique.

tion? Rien de bien remarquable. Elle a des qualités, sans
doute; mais pas autant, il s'en faut de beaucoup, que son
titre semblerait le dire. Celui qui le premier l'appela Angélique eut dans les vertus de la plante plus de foi qu'il ne
convient de lui en accorder; et cependant après on a suren-
chéri dans le prénom de la plante. Pour désigner un végétal, deux termes sont nécessaires, le nom et le prénom.
C'est ainsi que, chemin faisant, nous avons rencontré la
Centaurée Bluet et la Centaurée Jacée. Centaurée est
le nom, Bluet et Jacée sont les prénoms. Eh bien, **pour**
l'Angélique, le prénom est Archangélique.

Qu'est-ce donc que cette plante pour laquelle on accumule les célestes dénominations? Les vertus imaginaire écartées, il reste au compte méritoire de l'Angélique, de grosses tiges succulentes, à saveur relevée et odeur aromatique, qui, préparées par le confiseur dans un sirop de sucre, deviennent délicieuse friandise. Et voilà tout. À une sucrerie de suave arome se borne ce que nous fournit la plante baptisée des noms de l'ange et de l'archange.

C'est toutefois, dans nos jardins, une assez belle plante, de port élevé, d'ample feuillage. Ses grandes feuilles sont découpées, mais beaucoup moins que celles de la Carotte, et leurs divisions sont de forme ovale avec des dentelures imitant celles de la scie. Leur gros pétiole forme à la base une ample gaine enveloppant les tiges. Celle-ci, haute d'environ deux mètres, est creuse et légèrement cannelée. Les fleurs, construites comme celles de la Carotte, sont d'un blanc verdâtre, et assemblées en vastes ombelles dont les rayons portent des ombellules. Le fruit, muni de cinq côtes sur chaque face, se divise à la maturité en deux semences, suspendues à des filaments ainsi que nous l'a montré la Carotte.

3. **Ombellifères.** — Comme l'indique l'expression d'*Ombellifères*, signifiant *porte-ombelles*, les plantes de cette famille ont leurs fleurs disposées en ombelle, et se rap-

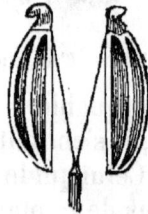

Fig. 106. — Fruit d'une Ombellifère, le Fenouil, se séparent en deux semences suspendues au support commun.

prochent plus ou moins de la Carotte, quant à la structure générale. Leur feuillage est d'habitude fortement découpé; la tige est creuse, souvent ornée de cannelures longitudinales. La fleur, à peu de chose près, est celle de la Carotte. Le fruit se divise en deux semences, qui,

quelque temps, restent appendues à deux fils provenant
du support commun fendu par le milieu. La plupart ont
une odeur de droguerie, tantôt forte et désagréable, tantôt
douce et suave.

Là se trouvent des plantes comestibles, la Carotte, l'Angélique, le Céleri, le Persil, le Cerfeuil; là se trouvent
aussi des plantes vénéneuses, notamment la Ciguë.

CHAPITRE XIII

LE MELON. — LE POTIRON

1. Le Melon. — Il ne sera pas sans intérêt d'apprendre
comment vient le Melon, ce gros fruit juteux et sucré si
bien accueilli de nous tous quand arrivent les fortes
chaleurs de l'été. Il y en a dont la chair est blanche,
d'autres dont la chair est d'un jaune rouge ou d'un rose
tendre. Tantôt l'écorce est lisse, tantôt elle est bosselée de
grossières verrues. Des sillons divisent le fruit en tranches
et vont de la queue à l'extrémité opposée, semblables
aux méridiens qui, d'un pôle à l'autre, sont tracés sur les
globes géographiques.

Or ce magnifique et délicieux fruit provient d'une plante
d'assez pauvre aspect, qui rampe à terre, étalant en tous
sens à la surface du sol ses longues ramifications. On lui
donne, comme au fruit, le nom de *Melon*. Ses feuilles
imitent un peu celles de la Vigne pour la forme, mais elles
sont plus grandes et âpres au toucher. Les ramifications
ont pareille rudesse, et s'étendent à une paire de mètres
à la ronde. De distance en distance, elles ont une sorte de
petite main à un seul doigt, qui s'enroule en tire-bouchon
et prend le nom de *vrille*. Enlaçant de ses vrilles les
appuis rencontrés, la plante se soulève un peu çà et là,

mais sans parvenir à suspendre ses fruits en l'air. De pareils fruits, du poids de quelques kilogrammes, ne sont pas faits pour quitter le sol, et se balancer au bout d'un rameau élevé. Jadis le nez de Garo, chacun le sait, apprit à ses dépens combien périlleux serait l'ombrage d'un Chêne, au lieu de glands portant des gourdes, cousines du Melon.

Examinons les fleurs ; elles nous montreront une particularité des plus curieuses et dont nous n'avons pas eu encore d'exemple. Les fleurs du Melon sont, en effet, de deux sortes. Les unes ont au-dessous de la corolle un gros renflement vert, destiné à devenir le fruit, le volumineux melon ; les autres n'ont pas ce renflement et tombent sans jamais donner de fruit. Ce sont les plus nombreuses. Ouvrons les premières, nous y verrons un style gros et court, terminé par un stigmate tortueux, mais pas d'étamines ; ouvrons les secondes, nous y constaterons cinq étamines dont les anthères sont flexueuses et adossées l'une et l'autre, mais pas de pistil.

Fig. 107. — Le Melon.

Les premières sont des fleurs à pistil seulement ; nous les appellerons fleurs *pistillées*. Les secondes sont des fleurs à étamines seulement ; nous leur donnerons le nom de fleurs *staminées*. Ces deux genres de fleurs mutuellement se complètent : les unes fournissant l'ovaire, qui doit devenir le fruit ; les autres fournissant le pollen, sans lequel cet ovaire ne pourrait grossir et mûrir.

Avant d'abandonner les fleurs du Melon, constatons encore que le calice, soudé en bas avec l'ovaire dans les fleurs pistillées, se divise en haut en cinq longues pointes. Dans les fleurs staminées, la même structure reparaît : le calice inférieurement ne forme qu'une seule pièce;

Fig. 108.— Melon.
Fleur pistillée.

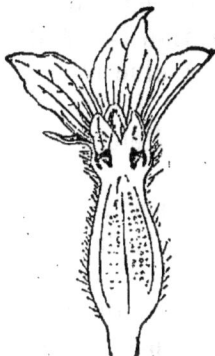

Fig. 109. — Melon. Section
de la fleur pistillée.

mais supérieurement il se subdivise en cinq. Enfin dans les deux genres de fleurs, la corolle comprend cinq pétales largement soudés entre eux à la base.

2. Le Potiron. — Citrouille, Courge et Potiron sont même chose sous des noms différents. Ces fruits énormes

Fig. 110. — Melon.
Fleur staminée.

Fig. 111. — Section de la
fleur staminée.

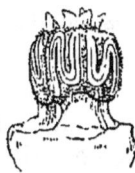

Fig. 112. — Melon.
Étamines.

peuvent atteindre le poids d'environ 100 kilogrammes, si le jardinier s'en donne la peine pour la curiosité du fait. Ils proviennent d'une plante exactement organisée comme le Melon, ayant comme lui ramifications rampantes, vrilles en tire-bouchon, fleurs à étamines et fleurs à pistil ; seu-

lement les tiges sont plus fortes et plus longues, les fleurs
plus amples, le feuillage plus grand. Le Melon, la
Citrouille et autres végétaux qui leur ressemblent, tels
que le Concombre et la Pastèque, forment la famille des
Cucurbitacées, empruntant son nom à la Citrouille, *Cucur-
bita* dans la langue latine.

3. Le pollen. — A diverses reprises a été affirmée la
nécessité absolue du pollen pour que l'ovaire se développe en fruit. L'occasion est belle, en parlant de la Citrouille et du Melon, de dire quelques mots sur ce magnifique sujet.

Quelle que soit la plante, en peu de jours, en quelques
heures même, la fleur se flétrit. Les pétales, les étamines,
souvent le calice, se fanent et meurent. Une seule chose
survit : l'ovaire, qui va devenir fruit. Or, pour survivre
aux diverses parties de la fleur et persister sur le rameau quand tout le reste se détache et tombe, l'ovaire, au
moment où la floraison est dans sa pleine vigueur, reçoit
un supplément de force, on pourrait dire presque une nouvelle vie. Les magnificences de la corolle, ses somptueuses colorations, ses parfums, servent à célébrer l'instant solennel où s'éveille dans l'ovaire la nouvelle vitalité.
Ce grand acte accompli, la fleur a fait son temps.

Eh bien! c'est la poussière des étamines, c'est le pollen,
qui donne ce surcroît d'énergie, sans lequel les graines naissantes périraient dans l'ovaire, lui-même flétri. Il arrive
des étamines sur le stigmate, toujours enduit d'une viscosité apte à le retenir ; et du stigmate, il fait ressentir son
action dans les profondeurs de l'ovaire. Animées alors
d'une nouvelle vie, les graines naissantes ou *ovules* prennent
un rapide développement, tandis que l'ovaire se gonfle
pour leur fournir la place nécessaire. Le résultat final de
cet incompréhensible travail, c'est le fruit avec son contenu
de semences propres à germer et à produire de nouvelles
plantes. N'en demandons pas davantage sur ces admirables
choses, où le plus habile cesse de voir clair.

Le plus souvent, le pollen est jaune et semblable à une
fine poussière de soufre. Il est blanc dans le Liseron et la

Mauve, violacé dans le Coquelicot. Examiné au microscope, il apparaît comme un amas d'innombrables petits grains, tous pareils de forme et de dimensions pour la même plante, mais très variables d'une espèce végétale à l'autre. Parmi les grains de pollen les plus gros, citons ceux de certaines Mauves; cinq de ces grains mis bout à bout font la longueur d'un millimètre. Mais il y a des végétaux dont il faudrait de 130 à 140 grains pour représenter la même longueur. On voit que la poussière des étamines est parfois d'une excessive finesse.

Par leur configuration très variée, par les élégants dessins de leur surface, les grains de pollen sont un sujet intéressant d'observations au microscope. Il y en a de ronds, d'ovalaires, d'allongés comme des grains de blé. D'autres ressemblent à de petits tonneaux, à des boules cerclées par un ruban spiral. Quelques-uns sont triangulaires, avec les angles arrondis; d'autres affectent la forme d'un cube à arêtes émoussées. Ceux-ci sont lisses à la surface, ou hérissés régulièrement de fines aspérités; ceux-là sont taillés à grandes facettes, elles-mêmes encadrées dans un rebord saillant, ou bien se plissent d'un bout à l'autre et imitent les côtes d'un melon.

Le pollen arrive sur le stigmate de diverses manières. Tantôt, si la fleur est dressée, comme celle de la Tulipe, les étamines, plus longues, le laissent tomber par son propre poids sur le pistil, plus court; ou bien si la fleur est pendante, comme celle des Fuchias, les étamines, maintenant plus courtes, l'envoient sur le stigmate placé en dessous. Tantôt le vent, secouant la fleur, dépose la poussière des étamines sur le stigmate, ou même la transporte à de grandes distances au profit d'autres ovaires, mais appartenant à la même espèce de plante, car le pollen d'un végétal n'a d'action que sur un végétal pareil et ne produit absolument rien sur les autres.

Il y a des fleurs dont les étamines s'animent, en quelque sorte, pour remplir leur mission. A tour de rôle, elles se recourbent et viennent appliquer leur anthère sur le stigmate pour y déposer leur pollen; puis lentement elles se relèvent et font place à une autre. On dirait un cercle de courtisans déposant leurs offrandes aux pieds d'un grand roi. Ces salutations terminées, le rôle des étamines est fini. La fleur se fane, mais l'ovaire se met à mûrir ses graines.

4. **La Vallisnérie.** — L'eau exerce une action nuisible sur le pollen : elle l'empêche de se fixer sur le stigmate ; elle fait gonfler et éclater ses délicats petits grains. Tout pollen mouillé est désormais sans efficacité aucune.

Nous trouvons là d'abord l'explication des fâcheux

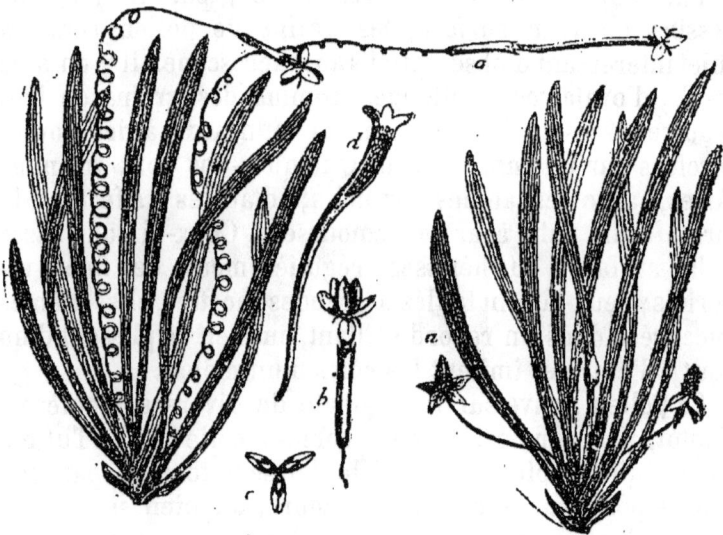

Fig. 113. — La Vallisnérie.
A gauche la plante à fleurs pistillées ; à droite la plante à fleurs staminées.

effets des pluies de longue durée au moment de la floraison. En partie balayé par les pluies, en partie endommagé par son contact avec l'eau, le pollen n'agit plus sur les ovaires, et les fleurs tombent sans parvenir à fructifier. Cette destruction des récoltes par les pluies est connue des cultivateurs sous le nom de *coulure*.

On voit, d'après cela, que les plantes aquatiques ne doivent pas épanouir leurs fleurs dans l'eau, où la coulure serait inévitable ; il faut, de toute nécessité, que la floraison se fasse à l'air libre. Voici, en exemple, un des merveilleux moyens employés pour amener à l'air les fleurs plongées dans l'eau.

La *Vallisnérie* vit au fond des eaux; elle est excessivement abondante dans le canal du Midi, où elle finirait par mettre obstacle à la navigation, si de nombreux faucheurs n'étaient annuellement occupés à la faire disparaître. Ses feuilles ressemblent à d'étroits rubans verts. Ses fleurs, imitant en cela celles du Melon et de la Citrouille, sont les unes à pistil et les autres à étamines, avec cette complication en plus que les deux genres de fleurs viennent sur des plantes différentes, de manière que pour compléter ce qu'exige la formation du fruit, il faut deux pieds distincts de Vallisnérie : l'un fournissant les étamines et l'autre les pistils.

Or, les fleurs pistillées sont portées sur de longues et fines tiges, étroitement roulées en tire-bouchon; les fleurs staminées n'ont, de leur côté, qu'une tige très courte. Pour éviter le contact de l'eau, nuisible au pollen, il faut que la plante envoie ses fleurs à la surface des eaux, où elles s'épanouiront à l'air libre. C'est facile pour les fleurs à pistils. Elles déroulent peu à peu le tire-bouchon qui les porte et montent à la surface, où elles s'épanouissent. Mais comment feront les fleurs à étamines, retenues au fond par leur courte tige ?

Ici la difficulté paraît insurmontable : elle est cependant levée et d'une admirable manière. Par leurs propres forces, sans que rien leur vienne en aide, ces fleurs s'arrachent de leur tige, rompent leurs attaches et montent à la surface rejoindre les fleurs à pistils. Alors elles ouvrent leur petite corolle blanche, jusque-là parfaitement close pour préserver les étamines des atteintes de l'eau; elles livrent leur pollen au vent et aux insectes, qui le déposent sur les stigmates; puis elles se fanent et le courant les emporte, tandis que les fleurs à pistils, vivifiées par le pollen, resserrent la spirale de leur tige et redescendent au fond des eaux pour y mûrir en repos leurs ovaires.

5. Les Insectes et les Fleurs. — Les insectes sont les

auxiliaires de la fleur. Mouches, guêpes, bourdons, scarabées, papillons, tous, à qui mieux mieux, lui viennent en aide pour transporter le pollen des anthères sur les stigmates. Ils plongent dans la fleur, affriandés par une goutte mielleuse expressément préparée au fond de la corolle. Dans leurs efforts pour l'atteindre, ils secouent les étamines et se barbouillent de pollen, qu'ils transportent d'une fleur à l'autre. Qui n'a vu les bourdons sortir enfarinés du sein des fleurs? Leur ventre velu, poudré de pollen, n'a qu'à toucher en passant un stigmate pour lui communiquer la vie. Quand, au printemps, sur un poirier en fleurs, tout un essaim de mouches, d'abeilles et de papillons s'empresse, bourdonnant et voletant, c'est triple fête, mes amis : fête pour l'insecte, qui butine au fond des fleurs ; fête pour l'arbre, dont les ovaires sont vivifiés par tout ce petit peuple en liesse; fête pour l'homme, à qui récolte abondante est promise.

L'insecte est le distributeur par excellence du pollen; toutes les fleurs qu'il visite reçoivent leur part de poussière vivifiante. Pour l'attirer, la fleur possède, au fond de sa corolle, une goutte de liqueur sucrée, appelée *nectar*. Déchirez en deux une fleur de Narcisse, de Primevère, de Chèvrefeuille, et passez le bout de la langue au fond de la corolle ouverte, vous sentez quelque chose de suavement doux. Voilà le nectar, voilà la friandise qui attire les insectes. Avec cette liqueur, les abeilles font leur miel.

6. **Expérience sur la Citrouille.** — Nous pouvons maintenant, par une expérience, démontrer le rôle du pollen. Nous savons que la Citrouille, à l'exemple du Melon, a des fleurs à étamines et des fleurs à pistil sur le même pied. Avant qu'elles soient épanouies, on peut très bien distinguer les unes des autres. Les fleurs pistillées ont au-dessous de la corolle un renflement presque de la grosseur d'une noix. Ce renflement, c'est l'ovaire ou la future citrouille. Les fleurs staminées n'ont pas ce renflement.

Eh bien ! sur un pied de Citrouille isolé coupons les fleurs à étamines avant qu'elles s'ouvrent et laissons les fleurs à pistils. En outre, pour plus de sûreté, et pour arrêter les insectes qui pourraient apporter du pollen après avoir butiné sur les Citrouilles du voisinage, enveloppons chaque fleur à pistil d'une coiffe de gaze assez ample pour permettre à la fleur de se développer sans entraves. Cette opération doit être faite avant l'épanouissement, pour être certain que les stigmates n'ont pas déjà reçu du pollen. Dans ces conditions, ne pouvant recevoir la poussière vivifiante puisque les fleurs à étamines sont supprimées et que d'ailleurs l'enveloppe de gaze arrête les insectes chargés de pollen et venus du voisinage, les fleurs à pistil se fanent après avoir langui quelque temps et leur ovaire se dessèche sans grossir en citrouille.

Voulons-nous, au contraire, que telle ou telle autre fleur, à notre choix, fructifie malgré sa prison de gaze et la suppression des fleurs à étamines. Avec un pinceau, recueillons un peu de pollen sur une Citrouille, n'importe laquelle, et déposons-le sur le stigmate. Cela suffira pour que l'ovaire devienne potiron.

CHAPITRE XIV

LE POIRIER, LE POMMIER, LE CERISIER, LE PRUNIER

1. Le Poirier et le Pommier. — Sans se rendre bien compte des ressemblances, chacun rapproche volontiers la poire de la pomme; eu égard à leur structure, se sont des fruits proches parents malgré leur forme et leur saveur diverses. La parité d'arrangement va plus loin et se maintient dans les fleurs, si bien qu'il suffit de connaître les fleurs du Poirier pour connaître celles du Pommier. Examinons leur structure.

Les fleurs, d'un blanc lavé de rose tendre, viennent par

petits bouquets, et s'épanouissent aux premiers beaux jours
alors que le feuillage commence à se développer. En bas
est un renflement assez prononcé, début de la poire et de la
pomme futures. Il se creuse au sommet d'un petit godet

Fig. 114. — Le Poirier.

sur les bords duquel sont fixés cinq sépales, puis cinq
pétales, puis encore des étamines en nombre considérable,
indéfini. Au centre s'élèvent cinq styles, assez longs et

Fig. 115.—Pommier.   Fig. 116. — Poirier.
Coupe transversale du fruit.   Coupe transversale du fruit.

menus comme des fils, qui plongent ou fond du godet et
communiquent avec cinq loges distribuées en une rangée
circulaire dans l'épaisseur du renflement. Telles sont les
fleurs du Poirier et du Pommier.

Comment sont les fruits ? Rappelons à l'esprit ce que chacun de nous sait par avance, l'ayant vu cent et cent fois. En bas est la queue, le pédoncule de l'ancienne fleur. Dans la pomme, elle se loge au fond d'une fossette; dans la poire, elle termine le prolongement rétréci du fruit. Au sommet, dans les deux cas, est un œil, c'est-à-dire une fossette que couronnent encore quelques débris desséchés de la fleur. On y reconnaît des traces des cinq sépales, ou y voit même quelques filaments d'étamines.

Coupons le fruit, poire ou pomme, par le travers, au milieu. Les cinq loges apparaissent, disposées en une

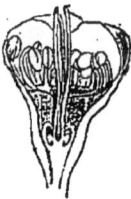

Fig. 117. — Poirier.
Coupe de la fleur.

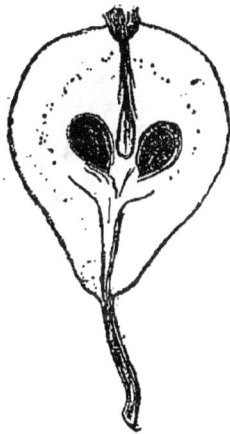

Fig. 118. — Poirier.
Coupe du fruit.

étoile à cinq pointes. Leurs parois sont formées d'une lame coriace, partie immangeable du fruit tant elle est rebelle à la dent. Chacune de ces loges contient un petit nombre de semences, empilées sur deux rangs. Parfois une seule rangée se développe, parfois aussi aucune graine n'arrive à bien, et alors la loge est vide, avec les parois plus ou moins rapprochées. On donne à ces semences du Poirier et du Pommier le nom de *pépins*. Quand nous mangeons une pomme ou une poire, la partie centrale du fruit, rejetée parce qu'elle est trop dure, se réduit aux cinq loges avec leur muraille coriace et leur contenu de pépins.

2. Le Cerisier et le Prunier. — Qui connaît les fleurs
du Poirier, connaît aussi les fleurs du Cerisier et du Prunier. Même disposition par bouquets, même calice, même
corolle, mêmes étamines. Le pistil seul diffère. Il est unique, et l'ovaire n'a qu'une loge. Le fruit comprend d'abord
une couche extérieure, charnue et juteuse, qui est la partie comestible de la cerise et de la prune; puis une
robuste coque ou *noyau,* espèce de coffret destiné à protéger la graine; enfin une graine unique enclose dans ce coffre-fort L'ensemble de la chair comestible et de la paroi
du noyau forme ce qu'on appelle le *péricarpe,* mot qui

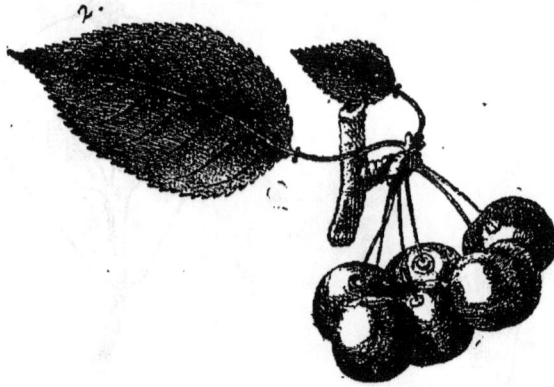

Fig. 119. — Cerisier. Fruits.

signifie à peu près enceinte de protection pour les semences.
   Et voyez, en effet, à quoi cette enceinte, en partie délicieuse
à manger, en partie dure presque comme pierre, peut servir
pour propager au loin le Cerisier et le Prunier. En dehors
des soins de l'homme, à l'état sauvage, les deux arbres
doivent pouvoir répandre çà et là leurs semences, pour
que l'espèce augmente en nombre et prospère. Comment
s'y prendront-ils avec leurs fruits lourds que le vent ne
peut transporter? Ces fruits ne sont-ils pas destinés à
pourrir inutilement au pied de l'arbre, n'ayant pas la
place pour la germination de leurs semences? Nullement,
car voici des oiseaux qui accourent affriandés par les

exquises cerises. Le Loriot, dit-on, fin compère, les mange
e .aisse les noyaux, non sans en répandre quelques-uns,
qui d'ici, qui de là, au gré de ses joyeuses évolutions
autour de l'arbre. C'est autant de fait pour le grand travail de la dissémination. Mais bien d'autres n'apportent pas
au régal de cerises le même raffinement; ils avalent le
tout, puis s'en vont, traversant d'un coup d'aile plaines,
monts et vallées. Dans leur estomac, la chair de la cerise
est bientôt digérée; mais le noyau, point. Le solide cof-

Fig. 120. — Pêcher.

Fig. 121. — Abricotier.

fret est inattaquable; il traverse intact l'organe à digestion
de l'oiseau. Un moment arrive donc.... Inutile de poursui-
suivre, le reste se devine. Voilà le noyau rejeté, avec sa
semence qui n'a subi aucun dommage, défendue qu'elle est
par le coffre-fort. De plus, circonstance très heureuse, un
peu de fumier l'accompagne : c'est le remerciement de
l'oiseau au Cerisier qui l'a régalé. Maintenant, la coque se
fend, et la semence germe en des lieux très variés, fort
distants du point de départ. Ainsi le Cerisier, en donnant
à ces fruits chair succulente, a pour but, non de nous
fournir de délicieuses cerises, mais de faire transporter
au loin, par les oiseaux, ses semences que protège contre
la digestion l'enceinte du noyau.

6.

3. L'amande. — A côté du Cerisier et du Prunier, prennent rang l'Abricotier et le Pêcher; tous deux pourvus de fleurs pareilles à celles que nous venons de décrire, et tous deux aussi donnant des fruits construits sur le modèle de la cerise et de la prune, c'est-à-dire formés d'une abondante chair juteuse, suivie d'un robuste noyau avec semence

Fig. 122. — Pêcher, fruit.

unique. Pareil fruit, cerise, pêche, prune, abricot, s'appelle *drupe*. Nous en mangeons le péricarpe, du moins la partie extérieure et charnue. Quant à la partie intérieure de ce péricarpe, c'est le noyau, que nous rejetons. Nous rejetons aussi la semence, sauf pour les abricots, lorsqu'ils sont des doux, bien entendu. Mais ils ne le sont pas toujours, vous le savez mieux que personne ; et après les avoir

mis en réserve dans la poche pour les casser à l'aise, combien de fois ne vous est-il pas arrivé de les trouver amers.

Eh bien! l'Amandier a juste la fleur de l'Abricotier, juste
aussi le fruit, la drupe, avec une réserve cependant : c'est
que le péricarpe n'est pas mangeable. C'est une enveloppe
assez épaisse, veloutée et d'un vert cendré au dehors,
tapissée à l'intérieur d'une coque plus ou moins dure.
Cela représente le noyau et la partie comestible de l'abricot, de la pêche, de la cerise, de la prune. A la maturitè, l'en
veloppe verte se fend, s'ouvre, et laisse échapper la coque

Fig. 123. — Amandier.

Fig. 124. — Amandier.
Fruit.

renfermant la graine. Celle-ci, ou *l'amande*, est ce que
nous mangeons.

Puisque l'occasion s'en présente, pourquoi ne regarde-
rions-nous pas un peu de près l'amande, qui par sa grosseur se prête bien à l'observation? Nous aurons là de bien
belles choses à apprendre sur la structure de la graine en
général. L'amande est une graine ; elle nous dira ce que sont
les autres graines, jusqu'à la plus petite.

4. **La graine.** — L'ovaire de la fleur, fertilisée par le
pollen, devient le fruit, la pomme sur le Pommier, la
cerise sur le Cerisier, la noix sur le Noyer, le grain de blé
sur le Froment, et ainsi de suite pour tous les végétaux.
Le fruit contient les graines, plus ou moins nombreuses :
parfois une seule, comme dans la pêche, la prune, l'amande;
souvent plusieurs, comme dans la pomme et dans la poire;

en d'autres cas se comptant par milliers, comme dans le melon et la citrouille.

Le rôle naturel du fruit est de nourrir d'abord et puis de protéger les graines, à l'abri d'enveloppes tantôt charnues, tantôt minces et sèches, tantôt durcies en robustes coques.

A leur tour, les graines ont pour fonction de propager l'espèce. Tout végétal, depuis les colosses des forêts, Chêne, Hêtre, Sapin et les autres, jusqu'à la moindre Mousse, a pour origine la graine. Toute plante a ses fleurs, toute plante a ses fruits, toute plante a ses graines. C'est avec la graine que la végétation se conserve prospère à travers les siècles; c'est avec la graine que tout arbre, tout arbuste,

Fig. 125. — Amandier.
Fruit ouvert montrant
le noyau.

Fig. 126. — Amandier.
Noyau ouvert mon-
trant l'amande.

tout brin d'herbe, laissent après eux, pour leur succéder, nombreuse descendance.

Qui ne voudrait savoir comment est faite la semence, qui, mise en terre, doit devenir ou bien petite plante, ou bien un arbre énorme? Qu'y a-t-il là dedans? Comment d'un gland peut-il sortir un Chêne, et d'un pépin de poire un Poirier?

Considérons le fruit de l'Amandier. Nous savons qu'il a d'abord une peau extérieure, verte et tendre, qui, à la maturité, s'ouvre d'elle-même, se dessèche, se replie et laisse échapper son contenu. Ce contenu est une coquille, parfois assez fragile pour se casser sous la dent, mais d'autres fois aussi très dure et ne cédant que sous la pierre ou le marteau. La coquille cassée, il nous reste la graine.

A quoi peuvent servir les deux parties que nous venons d'enlever? Il faudrait avoir les yeux de l'esprit bien bouchés pour ne pas y reconnaître des enveloppes destinées à protéger la graine, des enceintes qui défendent la délicate semence contre le froid, la chaleur, la pluie, la dent des animaux. L'extérieure, veloutée d'un court duvet, est une couverture qui met à l'abri des intempéries; l'intérieure est un rempart qui, pour être forcé, exige le choc entre deux pierres.

Semblables moyens de défense se retrouvent en tout fruit, mais extrêmement variés d'une espèce végétale à l'autre. La cerise, la prune, la pêche, l'abricot ont la solide coque, le coffre-fort de l'amande; et pardessus une enceinte de chair juteuse. La pomme et la poire ont leurs pépins logés dans cinq petites niches, qui dessinent une étoile quand le fruit est coupé en travers. Ces niches, ces loges, ont la paroi faite d'une lame coriace, semblable à de la corne; et autour

Fig. 127. — Le Châtaignier.

de leur ensemble est un épais rempart de chair. Le haricot et le pois ont leurs semences rangées dans un long étui qui s'ouvre en deux pièces; le châtaignier a les siennes dans une bourse hérissée de longs piquants. Toutes ces enveloppes défensives, qu'elles qu'en soient les configurations, la consistance, la nature, font partie du fruit et proviennent de l'ovaire.

Revenons à l'amande. La coque étant brisée, apparaît la graine, la semence, qui est unique dans le fruit de l'Amandier. Cette graine, nous venons de la voir défendue par deux enceintes, dont l'intérieure est une boîte bien solide et bien dure. Comme protection, est-ce assez? Pas encore. Après la robuste fortification du dehors vient la fine enveloppe de l'intérieur, qui emmaillotte étroitement la semence et lui évite le dur contact de la coque.

Cette enveloppe est double et se compose au dehors d'une peau roussâtre, au dedans d'une pellicule blanche, extrêmement souple et mince, facile à reconnaître lorsque l'amande est fraîche.

Semblable vêtement double se retrouve en toute graine. Celui de l'intérieur est toujours d'une grande finesse; et cela doit être, puisqu'il recouvre immédiatement ce que la graine a de plus essentiel et de plus délicat. Met-on en contact avec les tendres chairs d'un petit enfant au maillot la bure grossière, la rude étoffe de laine? Non, certes; mais bien d'abord la fine toile, et par-dessus le tissu de laine. Ainsi fait la plante pour ses graines emmaillottées.

Beaucoup plus ferme, plus résistante, l'enveloppe extérieure a des aspects fort divers d'une plante à l'autre. C'est une peau rousse dans l'amande et dans la noix, ainsi que dans les semences du Pêcher, de l'Abricotier, du Cerisier, du Prunier. Les pépins du Poirier et du Pommier l'ont formée d'une lame coriace et dure. Les haricots l'ont lisse et luisante, tantôt en entier blanche, tantôt mi-partie blanche et noirâtre, tantôt tiquetée de taches rouges.

En outre, les haricots, les pois, les fèves présentent, en un point de leur surface, une sorte de petit œil ovale. A cet œil se rattachait un cordon court et menu qui suspendait a semence à la paroi du fruit et servait de canal pour lui amener la nourriture. Toute graine est appendue à son fruit par semblable cordon nourricier, mais toutes n'ont pas, aussi bien marqué que sur le haricot, l'œil où s'abouchait ce cordon.

Une fois les deux enveloppes de la graine enlevées, opération très facile quand l'amande est fraîche, il nous reste un objet blanc, ferme, savoureux, partie comestible du fruit de l'Amandier. Cet objet est le *germe*, c'est-à-dire ce qui serait devenu un arbre si l'on avait mis la semence en terre. Il est arrondi d'un bout, un peu pointu de l'autre. A l'extrémité pointue fait saillie un petit mamelon. Sur le contour règne un faible sillon, une rainure, ui annonce séparation facile. Introduisons la pointe du couteau dans ce sillon et forçons légèrement. Une moitié se détachera et l'autre moitié nous montrera ce que reproduit la figure 128.

Le petit mamelon pointu, qui fait saillie en dehors, se nomme la *radicule*; c'est lui qui, s'allongeant, pénétrant dans la terre et s'y ramifiant, serait devenu la racine. Au-dessus est un bouquet serré de très petites feuilles naissantes, toutes blanches; enfin une sorte de bourgeon, bien plus faible, plus délicat que les bourgeons venus sur les rameaux. On lui donne le nom de *gemmule*. En se déployant, ce bourgeon doit donner les premières feuilles. Enfin l'étroite ligne de démarcation entre la radicule et la gemmule est appelée *tigelle*; de là doit provenir le premier jet de la tige.

Tel est l'Amandier en la graine. Le grand arbre qui doit

Fig. 128. — Amande dont un cotylédon est enlevé.

étaler dans l'air un abondant branchage et enfoncer dans le sol de puissantes racines, est maintenant contenu dans un corpuscule de rien, tout juste assez gros pour être visible.

Lorsqu'il possédera feuilles et racines convenablement développées, le petit Amandier s'alimentera de lui-même, en puisant dans la terre et dans l'air ce dont il a besoin. Mais d'ici là, il faut vivre; il faut se fortifier, grossir un peu. Comme rien ne se fait avec rien, le germe doit trouver quelque part de quoi suffire à sa première croissance. Ce ne peut être dans le sol tant que la radicule est un simple point, incapable de tout travail ; ce ne peut être davantage dans l'air tant que la gemmule n'est pas déployée en feuillage. Il faut donc au germe certaines provisions alimentaires contenues, toutes préparées, dans la graine. Ces provisions, où sont-elles?

Dans l'amande, nous avons reconnu la gemmule, la radicule et la tigelle; mais il reste encore deux grosses pièces, facilement séparables l'une de l'autre, et formant, à elles seules, la presque totalité de la graine. Ces deux pièces sont les deux premières feuilles de la plante, mais des feuilles d'une structure à part, très épaisses, charnues et relativement énormes. Voilà les réservoirs alimentaires, les magasins à vivres où doit, en ses débuts, puiser la jeune plante.

Au moment de la germination, ces deux grosses feuilles, gonflées de matériaux nutritifs, cèdent peu à peu une partie de leur substance à la petite plante, et l'allaitent en quelque sorte. On pourrait donc les appeler des mamelles végétales, des feuilles nourricières; la science les nomme *cotylédons*. Pour grandir, le petit poulet dans son œuf a le jaune, l'agneau a le lait de sa mère, le germe de la plante a le suc des cotylédons.

CHAPITRE XV

LE ROSIER, LE FRAISIER, LA RONCE, LA FRAMBOISE

1. Le Rosier. — La rose nous soumet une curieuse énigme ; elle nous dit : Nous sommes cinq frères, deux barbus, deux sans barbe et le cinquième à demi barbu.

Qui devinera ? Quels peuvent être les cinq frères si différents de barbe ? Mais elle n'est pas facile du tout, l'énigme de la rose ; nous pourrions bien chercher longtemps sans parvenir à la résoudre. Voici donc, sans nous casser la tête en des suppositions qui sans doute n'aboutiraient pas, voici le mot de la chose. Les cinq frères dont parle la rose sont les cinq sépales de son calice. Regardez-les, en effet, l'un après l'autre, attentivement. Il y en a deux qui portent quelques fines lanières, quelques barbelures sur l'un et l'autre bord : voilà les deux frères barbus. Il y en a deux autres dont les bords sont unis, sans la moindre barbelure : ils représentent les deux frères sans barbe.

Fig. 129. — Rosier sauvage.

30. — Rosier sauvage.
Fleur vue de face.

Enfin un cinquième et dernier a des barbelures sur un bord et n'en a pas sur l'autre : c'est le frère à demi barbu. N'est-elle pas ingénieuse, l'énigme de la rose ?

Ce n'est pas là, notons-le bien, un fait accidentel ; on le

Fig. 131. — Rosier sauvage.
Fleur vue par le dos.

Fig. 132. — Rosier sauvage.
Fleur en boutons.

constate dans toutes les roses, tant celles des buissons que celles des jardins. Un invariable arrangement des sépales est cause de ces variations de barbe. Considérons un bouton de rose, alors que les sépales sont étroitement

FABRE. — Végétaux.   7

assemblés pour protéger la corolle non encore épanouie.
Nous en verrons deux d'appliqués en entier au dehors.
Leurs côtés, libres, non gênés par rien qui leur soit super-
posé, acquièrent de la barbe. Deux autres engagent leurs
bords sous les sépales voisins, et entravés ainsi dans leur
développement, ne portent pas de barbe. Le cinquième a
l'un de ses bords caché par le sépale voisin, tandis que
l'autre bord est à découvert: de là des barbelures sur un
côté seulement, le côté libre.

Ainsi s'explique, par l'architecture du calice, l'énigme
proposée. Il faut voir ces choses sur un bouton de rose et
non sur une image qui, réduite à une seule face de l'objet,
est impuissante à rendre tous les détails; il faut les revoir
sur d'autres boutons de rose, pris un peu partout sur différents Rosiers; et retrouvant toujours les mêmes barbes et les
mêmes défauts de barbe, on restera frappé de l'ordre qui
préside à la structure des moindres parties d'une fleur.
Quelle invariabilité d'arrangement, quelle exquise précision en ces menues barbelures sur lesquelles notre regard peut-être ne s'était pas encore arrêté !

De la base de cet élégant calice s'élèvent cinq pétales,
d'un blanc rosé. Cinq pétales, disons-nous, et pas plus.
Cependant les roses auxquelles nous sommes habitués
ont de très nombreux pétales, bien près d'un cent. La
reine des fleurs, dans nos parterres, ne se borne pas à ce
chiffre mesquin; à elle seule, elle est bouquet touffu. Mais
nous parlons ici de la rose telle que la nature l'a faite, de
la rose sauvage, celle des haies et des buissons; nous parlons enfin de la fleur de l'Églantier. Si avec sa modeste corolle à cinq feuilles, elle ne possède pas les somptuosités
de la rose des jardins, elle a du moins pour elle une beauté
que sa sœur des parterres ne peut lui disputer, la beauté
de l'ordre et de la symétrie.

Les étamines sont très nombreuses, et il serait aussi fas-
tidieux qu'inutile d'en faire le dénombrement. En somme,
pour le calice, la corolle, les étamines, c'est la répétition
de ce que nous ont montré le Poirier, le Pommier, le Cerisier, le Prunier, le Pêcher, l'Amandier. Mais voici les diffé-

rences. Les pistils de la Rose sont en nombre indéfini, comme les étamines. Leurs styles, filaments velus, plongent en un faisceau dans le bas de la fleur et aboutissent chacun à un petit ovaire contenant une seule semence. Ces petits ovaires, distincts l'un de l'autre et hérissés de poils, sont implantés au fond d'une sorte d'urne charnue, qui leur sert de récipient commun. Cette urne, d'abord verte, devient rouge écarlate à la maturité et porte le vulgaire nom de *gratte-cul*.

Cette urne, ce vase d'étroite embouchure et de ventre renflé, ce récipient à ovaires, qu'est-ce que cela pourrait bien être? Rappelons-nous que le réceptacle est l'extrémité du rameau portant la fleur. Autour de cette extré-

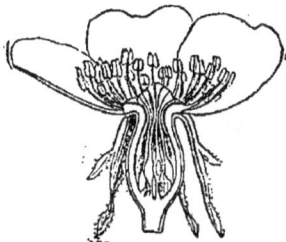

Fig. 133. — Rosier. Coupe de la fleur.

Fig. 134. — Rosier. Fruit.

mité se rangent, en verticilles, les divers organes floraux. Nous avons vu dans les Composées, et notamment dans le grand Soleil, le réceptacle devenir un plateau charnu, très épais et très large. Il est vrai que, dans ce cas, le réceptacle est destiné à servir de support à une multitude de petites fleurs distinctes; mais il arrive parfois aussi que, pour une fleur unique, l'extrémité du rameau floral devient ample support, de forme variée. C'est ce qui arrive pour le Rosier. L'extrémité du rameau grossit, s'épaissit, se creuse en coupe profonde pour recevoir les diverses parties de la rose. Au fond de la coupe se dressent les ovaires, séparés l'un de l'autre. Les filets qui en partent montent en un faisceau jusqu'à l'embouchure. Sur cette embouchure sont fixés les sépales, plus à l'intérieur les pétales, et plus à l'intérieur encore les étamines. Le fruit du Rosier, le gratte-cul rouge des haies, est donc le réceptacle, l'extrémité du rameau floral devenu charnu et façonné en urne.

Nous ne quitterons pas le Rosier sauvage sans remarquer ses *aiguillons*, qui sont des productions de l'écorce. Sous la poussée du doigt, ils se détachent tout d'une pièce, sans déchirures, en laissant au point d'attache une empreinte nettement délimitée, et nous ne confondrons pas ainsi ces aiguillons avec les *épines* d'autres buissons, Pruneliers et Aubépines, lesquelles sont des rameaux très courts, appointés en dards.

Nous donnerons aussi un coup d'œil aux feuilles; elles sont formées de cinq pièces distinctes et pareilles, auxquelles on donne le nom de *folioles*, qui veut dire petites feuilles. Ces folioles sont distribuées par paires de droite et de gauche du support commun, que termine la cinquième foliole. Les feuilles ainsi construites se nomment feuilles *composées*. Nous aurons à y revenir bientôt. Constatons enfin que le pétiole de la feuille totale s'élargit de part et d'autre en embrassant le rameau qui le porte, et produit sur chacun de ses flancs une bordure membraneuse verte, une expansion à nature de feuille. Cette expansion foliacée de la base du pétiole constitue ce qu'on appelle les *stipules*.

2. **Rose simple et rose double.** — Telle que nous venons de la décrire, la rose est dite simple; elle est dans toute sa simplicité primitive, elle ne possède que cinq pétales. Mais la rose cultivée en possède un nombre très considérable, impossible à préciser; et tel est le motif qui la fait nommer rose *double*. Or d'où peut provenir cette extrême abondance de pétales, lorsque la rose sauvage, d'où celle des jardins est venue, est réduite au modeste ornement d'une corolle de cinq feuilles?

Déjà le Laurier-rose nous a montré comment la culture peut faire d'une fleur de pauvre apparence un somptueux amas de pétales, richement colorés. Le Rosier cultivé nous montre la même transformation, et de plus nous en dit les motifs. Examinons, en effet, les pétales d'une rose double, et surtout ceux de la partie centrale. Nous en trouverons dont le sommet porte un anthère très reconnaissable à sa poussière jaune de pollen. Est-ce bien là un pétale, est-ce bien une étamine ? C'est l'un et l'autre à la fois : une étamine à cause de l'anthère, un pétale à cause de la forme en large lame colorée. Plus près du centre, nous en trouverons d'autres où la partie anthère s'accentue davantage, où la partie pétale s'amaigrit, se rétrécit, tout en restant de couleur vive. Par toutes les transitions possibles, nous passerons ainsi du pétale à l'étamine, que nous retrouverons, sans aucun changement, tout au milieu de la fleur. Mais nous constaterons aussi que les étamines véritables, avec support consistant en un étroit filet blanc, sont bien peu nombreuses par rapport aux étamines de la rose sauvage. Il peut se faire même que nous n'en trouvions pas du tout.

La conclusion de tout cela saute aux yeux. Il est clair que, par la culture, la rose change ses étamines en pétales. Les filets de ces étamines prennent façon et couleur de pétales, l'anthère

Fig. 135. — La Rose double.

souvent reste, tantôt avec pollen, tantôt réduite à un vain simulacre de sachet pollinique ; souvent aussi toute trace d'anthère disparaît et la transformation est complète. Donc la rose devient double en perdant totalité ou partie de ses étamines, changées en pétales ; l'accroissement des pièces de la corolle se fait aux dépens de pièces plus importantes, les organes à pollen.

Il peut se faire aussi, sinon dans la Rose, du moins en d'autres fleurs, que les pistils prennent part à la transformation suscitée par la culture. La fleur n'est alors qu'un amas de pétales, sans étamines et sans pistils. Avec son entassement de pièces colorées, elle récrée le regard ; mais elle est incapable de fructifier, de donner des semences, ne possédant rien de ce qui est indispensable pour les produire. Toute fleur devenue double a donc plus ou moins perdu sa fécondité comme production de graines. Elle a perdu aussi sa belle architecture primitive, si élégante dans sa simplicité ; il ne lui reste qu'un avantage secondaire, la richesse de couleur. Dans nos études, c'est donc toujours à des fleurs simples qu'il faut s'adresser, jamais à des fleurs doubles qui nous dérouteraient par leur structure bouleversée.

3. Le Fraisier. — Puisque les plantes à fleurs doubles ne donnent pas de graines, comment donc s'y prend le jardinier pour les multiplier sans recourir à des semences ? C'est ce que le Fraisier va nous apprendre.

De la touffe mère, divers rameaux s'échappent, très al-

Fig. 136. — Le Fraisier, avec coulant.

longés, menus et rampant sur le sol. On les nomme *coulants*. Parvenus à une certaine distance, ils s'épanouissent à l'extrémité en une petite touffe qui prend racine dans le sol, et bientôt se suffit à elle-même. La nouvelle pousse du Fraisier, devenue assez forte, émet à son tour des rameaux allongés qui se comportent comme les premiers, c'est-à-dire traînent à terre, se terminent en rosettes de feuilles et s'enracinent. La figure 136 nous montre une première touffe plus vigoureuse que les autres. De l'aisselle de l'une de ses feuilles sort un coulant dont le bourgeon terminal s'est développé en une pousse déjà pourvue de petites racines. Un second coulant, issu de cette pousse, produit une troisième rosette dont les feuilles commencent à se déployer.

A la suite de pareilles propagations en nombre indéterminé, la plante mère se trouve environnée de jeunes rejetons, espèces de colonies végétales établies çà et là tant que le permettent la saison et la nature du sol. Colonies est bien le mot : ce sont effectivement des bourgeons émigrés de la souche mère qui vont s'établir ailleurst comme les habitants d'un pays trop peuplé s'expatrièn, dans l'espoir d'une vie plus facile.

D'abord, les rejetons établis autour de la plante mère sont reliés à celle-ci par les coulants. Il y a communication des colonies à la métropole, afflux de nourriture du vieux plant vers les jeunes ; mais tôt ou tard, les relations sont supprimées : les coulants se dessèchent, désormais inutiles ; et chaque pousse, convenablement enracinée, devient un Fraisier distinct.

Eh bien ! pour multiplier certains végétaux, le jardinier imite le procédé du Fraisier : il couche en terre une longue pousse, attend qu'elle ait pris racine et la sépare enfin d'un coup de sécateur. Arrêtons-nous un moment sur cette précieuse opération appelée *marcottage*.

Quelques plantes, et de ce nombre est l'Œillet, poussent à la base de la tige mère des ramifications droites et souples qui peuvent servir à obtenir autant de plants nouveaux. On couche ces rameaux en leur faisant décrire un coude, que l'on fixe dans la terre avec un crochet ; puis on redresse l'extrémité, qu'on laisse à l'air libre. Le coude enterré émet tôt ou tard des racines, et d'ici-là la souche mère nourrit le rameau. Lorsque les parties enterrées ont produit un nombre suffisant de racines, on tranche les ramifications en deçà du point enraciné. Chacune d'elles, transplantée à part, fournit un pied d'Œillet. Voilà le *marcottage*, dont le résultat est un certain nombre de *marcottes* ou plants détachés de la souche première.

De tout temps le marcottage a été employé pour la multiplication rapide de la Vigne. Dans ce cas particulier, les rameaux couchés en terre se nomment *provins*, et l'opération elle-même porte le nom de *provignage*.

D'autres végétaux, le Laurier-rose par exemple, n'ont pas assez de flexibilité dans leurs ramifications pour se prêter au marcottage tel qu'il vient d'être décrit : la branche cas-

serait si l'on essayait de la couder pour la coucher en terre.
Quelquefois enfin le rameau est situé trop haut. Alors voici
l'artifice du jardinier. Un pot fendu en long ou un cornet
de plomb est appendu à l'arbuste, et la branche à mar-
cotter est placée dans le pot ou le cornet suivant son axe. Le
pot est ensuite rempli de terreau ou de mousse, que l'on
maintient humide par de fréquents arrosements. Dans ce
milieu, toujours frais, des racines se produisent. On procède
alors à une sorte de sevrage du rameau, c'est-à-dire qu'on
fait au-dessous du cornet une section légère qu'on appro-

Fig. 137. — Marcottage
dans un cornet de
plomb.

Fig. 138. — Fraisier
Fleur.

Fig. 139. — La Fraise.

fondit davantage chaque jour. On habitue ainsi peu à
peu la plante à se passer de la tige mère et à vivre par
elle-même. Enfin un coup de sécateur achève la séparation.

Revenons au Fraisier, dont les coulants nous ont appris
l'art d'obtenir des marcottes et de multiplier ainsi une
plante impossible, difficile ou seulement lente à obtenir
par semis. Les feuilles en sont composées et comprennent
trois folioles. Les pétioles ont d'amples stipules à la
base.

Le trait le plus remarquable du Fraisier est son fruit, la
fraise. D'où provient-elle, cette fraise, gros mamelon rose,
à chair succulente, sucrée et parfumée, tout parsemé à la
surface de petites ponctuations brunes? Est-ce l'ovaire de la
fleur qui donne ce délicieux fruit? Nullement. Nous venons

de voir le Rosier renfler l'extrémité du rameau floral, enfin le réceptacle, en une coupe charnue dont la cavité donne attache à de nombreux petits ovaires. Le Fraisier agit de même, mais en sens inverse : au lieu de creuser son réceptacle en forme d'urne, il le renfle en dôme, plein à l'intérieur. Sur ce dôme charnu sont fixés, en nombre indéfini, de très petits ovaires, dont le contenu, pour chacun,

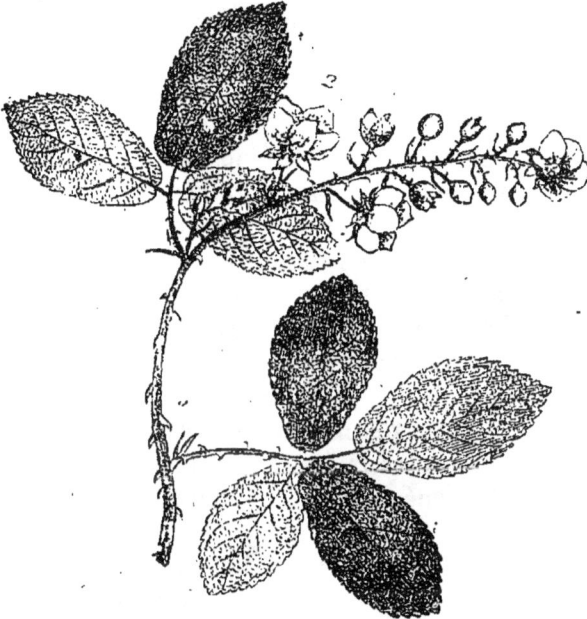

Fig. 140. — La Ronce.

est une seule semence. Les points bruns dont la fraise est semée, voilà vraiment les fruits de la plante, les ovaires mûris ; chacun d'eux est une graine avec ses enveloppes. La partie que nous mangeons n'est donc que l'extrémité du rameau floral, le réceptacle de la fleur. En somme, la fraise est pour ainsi dire un gratte-cul renversé, qui, au lieu de rentrer en lui-même pour former un récipient creux, fait saillie en dehors et devient mamelon.

4. **La Ronce**. — La *Ronce* nous fournit les mûres des

7.

buissons, bien vues du jeune âge, mais assez fade manger
pour qui n'a plus l'estomac complaisant. N'en médisons
pas puisqu'elles contribuent aux joies du jeudi, le long des
haies. Par ses aiguillons, ses feuilles composées, ses fleurs,
la Ronce se rapproche du Rosier sauvage; elle en diffère
surtout par le fruit. Chacun de nous le sait : la mûre se
compose d'une multitude de petits grains ronds, pressés
l'un contre l'autre et fondus ensemble à la base. Considérons à part l'un de ses grains. Sous une fine peau, il renferme un peu de chair à suc d'un noir rougeâtre; et au
centre de cette chair se trouve une semence dure. N'est-ce
pas là exactement la structure de la cerise, avec son enveloppe de chair juteuse et son noyau central? Imaginons de

Fig. 141.
La Ronce.
Fruit.

très petites cerises, grosses au plus comme des
têtes d'épingle; rangeons-les en un amas régulier,
bien pressées l'une contre l'autre et soudées par
la base; cela fait, nous aurons tout juste une mûre.
Le fruit de la Ronce est donc une réunion de très
petites drupes, c'est-à-dire, de fruits pareils à
ceux du Cerisier, du Prunier et autres.

5. **Le Framboisier.** — Parmi les Ronces, il
en est une dont les fruits sont rouges, de saveur aigrelette
et de parfum spécial, très agréable. C'est le *Framboisier*,
fréquent dans les bois des montagnes. L'excellence de
ses fruits l'a fait admettre dans nos cultures.

6. **Rosacées.** — La Rose a donné son nom à la famille
des *Rosacées*, dans laquelle se rangent les végétaux, arbres,
arbustes, plantes herbacées, qui ont fait le sujet de ces
deux derniers chapitres. Cette famille est des plus importantes, car elle comprend la plupart de nos arbres fruitiers :
le Poirier, le Pommier, le Cerisier, le Prunier, l'Abricotier, le Pêcher, le Néflier, le Sorbier. Les haies lui doivent
la Ronce, l'Aubépine, le Prunelier; les jardins lui doivent
la reine des fleurs, la Rose. La fleur, dans tous ces végétaux, est à peu près la même quant à la structure; mais le
fruit présente beaucoup de variété, ainsi que l'établissent
les quelques exemples que nous avons développés.

CHAPITRE XVI

LE POIS, LE HARICOT, LE TRÈFLE, LE SAINFOIN,
LA LUZERNE

1. Le Pois. — Difficilement, en nos pays, trouverait-on une fleur aussi curieuse de forme que celle du *Pois*. La voici isolée; examinons-la pièce à pièce. C'est d'abord un calice dont les sépales soudés forment une coupe profonde avec cinq dentelures sur le bord. Jusque-là rien que nous n'ayons déjà vu en bien d'autres fleurs. Mais continuons. La corolle est d'une structure tout à fait à part. On y compte cinq pétales, de formes diverses. Le plus grand occupe la partie supérieure de la fleur et s'épanouit en large lame. On lui donne le nom d'*étendard*. Deux autres pétales, de dimension moindre et semblables entre eux, occupent chacun l'un des flancs de la fleur, et viennent s'adosser par leur bout en avant. On les nomme les *ailes*. Enfin sous l'espèce de toit

Fig. 142. — Fleur du Pois

formé par les deux ailes, est une pièce légèrement courbée à la face inférieure et imitant l'arête d'une carène de navire. Cette forme lui a valu le nom de *carène*. Deux pétales la composent, accolés ou même légèrement soudés l'un à l'autre. Dans la cavité ou nacelle qui résulte de leur ensemble, se trouvent les organes de la fructification.

La corolle ainsi construite est dite corolle *papilionacée*, à cause d'une vague ressemblance de papillon qu'on a voulu y voir. Elle est caractéristique de la famille des *Pa-*

pilionacées, à laquelle appartiennent le Pois, le Haricot,
le Trèfle, la Fève, le Sainfoin, la Luzerne.

Ouvrons maintenant le secret réduit de la carène, où
reposent, délicatement abrités, le pistil et les étamines.
Celles-ci sont au nombre de dix, et réparties en deux
groupes inégaux. Neuf sont soudées entre elles par leurs
filets en un canal fendu supérieurement; la dixième est
libre et occupe la fente laissée par les neuf autres. Dans
cette espèce d'étui est l'ovaire, qui grossit sans obstacle en
écartant peu à peu, grâce à la fissure occupée par la
dixième étamine, l'étroite gaine que lui forment les filets
staminaux. Une expression est nécessaire pour désigner

Fig. 143. — Pois.
Étamines.

Fig. 144. — Pois.
Gousse ouverte.

rapidement, en un seul mot, semblable agencement des
étamines du Pois. On dit alors que les étamines sont *diadelphes*. Ce mot savant, avec sa tournure quelque peu
étrange, signifie tout simplement deux groupes; mais il
entraîne avec lui l'idée de tout ce que nous venons d'apprendre au sujet des étamines du Pois.

Le fruit se nomme *légume* ou bien *gousse*. Bien mûr, il
s'ouvre de lui-même en deux pièces ou *valves* dont un bord
porte les semences appendues. Cette enveloppe de deux
pièces, d'abord soudées entre elles en un étui, puis étalées, n'est autre chose que la paroi de l'ovaire, enfin ce
que nous avons déjà nommé le *péricarpe*. Dans certaines
variétés de Pois, à gousses plus larges et plus charnues
que dans le Pois ordinaire, ce péricarpe est comestible

quand il est encore vert et tendre. On écosse, au contraire, les pois ordinaires, c'est-à-dire, qu'on rejette le péricarpe, vulgairement la *cosse*, pour garder les seules semences, excellent manger à l'état frais, nourriture moins estimée à l'état sec.

Pour achever l'histoire de la plante, il nous reste à parler de la tige et des feuilles. La figure que voici re-présente un tronçon de la tige. Deux fleurs en partent, l'une épanouie, l'autre déjà fanée, privée de sa corolle et dont la gousse s'allonge. Une feuille les accompagne, une seule feuille, car tout ce que représente la figure n'est vraiment qu'une feuille. A la base, cernant de près la tige, est une ample collerette formée de deux pièces. Ce sont là des *stipules*, ana-logues à celles que nous avons déjà trouvées, mais bien moins développées, dans les feuilles du Rosier. Entre les deux stipules, part de la tige le pétiole de la feuille qui, de droite et de gauche, porte une rangée de petites feuilles ou *folioles*, trois de chaque côté. La feuille du

Fig. 145. — Le Pois.

Pois est donc une feuille *composée*, comme celle du Rosier.

Mais que sont les mêmes filaments entortillés qui termi-nent cette feuille? A quoi servent-ils? Ce sont là des en-gins d'escalade, des attaches dont le Pois se sert pour hisser sa longue tige à l'air et au soleil. Quelques variétés de Pois s'élèvent à un mètre et plus de hauteur, cependant leur tige est si faible, que, sans soutien, elle ne pourrait se dresser. On les dit *Pois à rames*, parce qu'il faut les *ramer*, c'est-à-dire, leur donner pour appui des branchages, des rameaux implantés en terre. L'appui ne suffit pas, il faut des mains pour saisir, des doigts flexibles pour enlacer, enfin des *vrilles*, comme nous en avons trouvées dans la Citrouille et le Melon. Eh bien ! le Pois, pour se faire des vrilles, met en œuvre les dernières folioles de ses feuilles ; il n'en garde que la côte, la nervure du milieu qui, alors, simple fil flexible, s'entortille autour de la ramée. Voyez, en effet, la disposition de ces filaments, opposés deux à deux, avec un dernier, impair, terminant la série. N'est-ce pas là exactement la disposition des folioles? Imaginons-les entourés d'une lame verte, et les fils d'escalade ne différeront pas du reste de la feuille.

Ainsi, pour se hisser dans la ramée mise à sa portée par le jardinier, le Pois se fabrique des vrilles avec les plus hautes folioles de ses feuilles composées. Mais il faut à toute plante, pour vivre en santé, de grandes surfaces vertes, visitées par le soleil ; la chimie plus tard nous en dira la cause. En se privant d'une partie de ses folioles afin de grimper dans la ramée, le Pois perdrait donc de sa vigueur s'il n'avait un moyen de compenser cette diminution de surfaces vertes. Ce moyen, chacun de vous ne le reconnaît-il pas sans autre explication? Voyez ces deux énormes stipules : ne représentent-ils pas largement ce que la plante a perdu en transformant ses dernières folioles en vrilles? Le Rosier, qui n'appauvrit pas la série de ses folioles, a des stipules de peu d'importance ; le Pois qui, d'une partie des siennes, fait des fils d'ascension, en possède d'une étendue extraordinaire. Nous avons là un magnifique exemple d'un organe qui, par un développement exceptionnel, vient en aide à un autre trop faible.

D'autres variétés de Pois, dits *nains*, s'élèvent peu ; et, n'ayant pas besoin de l'appui de la ramée, se passent de vrilles. Les dernières folioles alors conservent la configuration en lames vertes, et les stipules cessent de prendre des dimensions exagérées.

2. **Le Haricot.** — Pour décrire la fleur du *Haricot*, il suffit de dire qu'elle est *papilionacée*. Ce mot seul signifie corolle construite comme celle du Pois, avec *étendard* formé par le pétale supérieur, *ailes* provenant des deux pétales

latéraux, et *carène* composée des deux pétales inférieurs.
Il signifie en outre que les étamines sont *diadelphes*, en
d'autres termes qu'elles sont au nombre de dix, neuf assemblées par leurs filets en une gaine fendue, et la dixième
séparée des autres et logée dans la fente de la gaine. Il signifie enfin que le fruit est un légume, une gousse, dont le
Pois vient de nous offrir le modèle. Voilà bien des choses
signifiées par un seul mot.

D'où provient cette richesse de signification ? Cela provient de ce que ces divers détails de structure s'accompagnent toujours l'un l'autre. On nous présente une fleur
quelconque, inconnue, mais ayant la configuration papilionacée. Nous n'avons pas besoin de l'ouvrir pour savoir
que dans sa carène sont dix étamines diadelphes, et que
dans la gaine de ses étamines est un ovaire qui deviendra
gousse. La corolle papilionacée reconnue, tout le reste
s'ensuit.

Nous pouvons même ajouter, à la vue de pareille corolle,
que la plante d'où elle provient a les feuilles composées,
avec deux rangs de folioles, plus ou moins nombreuses,
et des stipules à la base du pétiole. Mais nous ne pouvons
rien conclure au sujet des vrilles, car les plantes à fleur
papilionacée en sont tantôt pourvues et tantôt dépourvues.
Le Haricot, en particulier, n'en a pas. Les variétés de
haute taille, les Haricots à ramer, s'élèvent en roulant en
spirale autour du support leur longue tige volubile ; les
variétés de petite taille, les Haricots nains, se tiennent
droits sans appui.

Pour tous le fruit est une gousse, un légume. Le péricarpe mûr s'ouvre donc en deux valves, et montre son
contenu de semences fixées à l'un des bords de l'enveloppe
par le cordon très court qui les nourrissait. Frais et jeune,
ce péricarpe est alimentaire ; sec et vieux il est rejeté ;
mais, la graine, le populaire haricot, est alors précieuse
ressource.

3. **Le Trèfle.** — Le nom de *Trèfle* signifie trois feuilles ;
on y reconnaît aisément les lettres principales des deux
termes entrant dans sa composition. La plante ainsi dé-

nommée, possède, en effet, des feuilles composées, formées
de trois folioles à peu près égales, l'une au sommet du pétiole, les deux autres un peu plus bas, à droite et à
gauche. La fleur est papilionacée. Par conséquent elle
renferme dix étamines diadelphes, par conséquent aussi
le fruit est une gousse. Mais dans le cas présent, cette
gousse est très courte, à un petit nombre de semences,
une seule parfois; aussi reste-t-elle cachée dans la cavité
du calice, qui ne cesse de l'envelopper même après dessiccation. Enfin les fleurs sont rassemblées en petites têtes,
tantôt rondes comme le *Trèfle des prés*, à corolles roses,
tantôt allongées et pointues, comme
dans le *Trèfle incarnat*, à corolle
d'un rouge vif. Ces deux Trèfles
sont pour les bestiaux un excellent
fourrage, aussi les cultive-t-on dans
les prairies dites *artificielles*, où
l'agriculteur sème des plantes four-
ragères de son choix, bien préférables aux herbages que donnent,
en dehors de nos soins, les prairies
naturelles.

4. Le Sainfoin. — Renversons le
mot et *Sainfoin* deviendra foin sain,
foin favorable à la santé, foin par

Fig. 146. — Le Trèfle des prés.

excellence. La plante ainsi désignée fournit un fourrage précieux qui donne vigueur aux chevaux, fermeté et saveur de
chair aux bœufs, lait abondant et de meilleure qualité aux
vaches. Ses racines profondes, s'insinuant parmi les pier-
railles, vont chercher la fraîcheur et la nourriture là où le
Trèfle ne pourrait vivre. Les plus maigres terrains lui suffisent. Les fleurs, à structure papilionacée, sont d'un beau
rose, et disposées sur un long épi. Les feuilles sont formées
de nombreuses folioles alignées sur deux rangs. La gousse
est courte, hérissée de piquants; elle ne contient qu'une
seule semence.

5. La Luzerne. — C'est une troisième plante fourragère
rivalisant d'utilité avec le Trèfle et le Sainfoin. Encore plus

que le Sainfoin, elle a de longues racines, qui consolident
les terres mouvantes et vont chercher à une grande profondeur l'engrais entraîné dans le sol par les eaux des
pluies, engrais qui serait perdu pour l'agriculteur sans
l'intervention de la Luzerne.

La plante est un laboratoire où la vie convertit en ma-

Fig. 147.— Le Sainfoin.

Fig. 148. — La Luzerne.

tières alimentaires l'ordure de nos basses-cours. Un tom-
bereau de fumier devient, au gré de l'agriculteur, en passant par tel ou tel autre végétal, des légumes, des fruits,
des grains. Cette matière immonde, cet engrais, est donc
chose très précieuse qu'il faut utiliser jusqu'à la dernière
parcelle. Notre nourriture à tous en dépend.

Enrichi de cet engrais, le sol portait une récolte de blé,

supposons. Mais le Froment, avec son maigre faisceau de courtes racines, n'a tiré parti que des matières fertilisantes de la couche superficielle, en laissant intactes celles que la pluie a dissoutes et entraînées dans les couches profondes. Il s'est admirablement acquitté de sa mission, il est vrai ; il a fait table rase et converti en blé tout ce que contenait d'engrais la couche du sol accessible à ses racines, si bien que, en semant encore du Froment, on n'obtiendrait que bien mesquine récolte. Le sol se trouve alors épuisé à la surface, mais dans sa profondeur, il est encore riche.

Eh bien ! qui se chargera d'exploiter les couches du fond, pour en extraire encore les aliments ! Ce ne sera pas l'Orge, ni l'Avoine, ni le Seigle, dont les faibles racines ne trouveraient rien à glaner après le Froment dans l'étage supérieur du sol. Ce sera la Luzerne, qui plongera ses racines, de la grosseur du doigt, à un mètre de profondeur, à deux, à trois s'il le faut, et en ramènera l'engrais sous forme de fourrage, devenant par le concours de l'animal qui s'en nourrit, chair alimentaire, laitage, toison de laine, ou tout au moins travail. Cette succession de deux ou plusieurs plantes, qui tirent le meilleur parti possible d'un sol préparé, porte en agriculture le nom d'*assollement.*

La Luzerne a la tige droite assez élevée, rameuse, les feuilles à trois pétioles, bien moins larges que celles du Trèfle ; les fleurs violettes ou purpurines, disposées en longues grappes ; enfin la corolle papilionacée avec tous les caractères qui s'ensuivent. Le trait distinctif de la Luzerne se trouve dans le fruit, qui s'enroule en spirale, à la façon d'une petite coquille d'escargot.

6. **Papilionacées.** — Dans toutes les plantes que cette leçon vient de passer en revue, la corolle a la configuration papilionacée, avec étendard, ailes et carène. Une foule d'autres végétaux présentent la même structure de fleur. Le tout constitue la famille des *Papilionacées*, dont la dénomination seule nous dit les caractères fondamentaux.

CHAPITRE XVII

L'ORANGER

1. L'Oranger. — La plupart d'entre nous n'ont pas vu l'Oranger, ou ne l'ont vu que cultivé en vase, et dans ce cas arbuste souffreteux, ne pouvant mûrir ses fruits, faute de chaleur, et rentré l'hiver dans une serre pour échapper aux atteintes du froid. Il lui faut pour prospérer le

Fig. 149. Oranger. Étamines.   Fig. 150. Oranger. Calice et étamines.   Fig. 151. — Oranger. Coupe verticale de la Fleur.

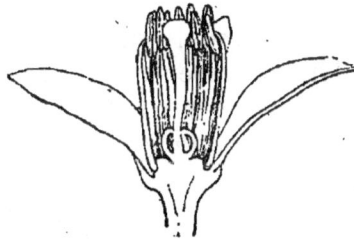

doux climat des rivages de la Méditerrannée. Mais nous connaissons tous son fruit, que nous apporte le commerce. Inutile de faire l'éloge de sa belle forme ronde, de sa couleur dorée, de l'arome pénétrant de son écorce, et surtout de la saveur de sa chair gonflée de jus. Chacun a, sur ces mérites de l'orange, des notions expérimentalement acquises.

Reste la structure, qui nous réserve peut-être des détails encore ignorés. L'écorce de l'orange est épaisse, d'un superbe jaune d'or à l'extérieur, d'un blanc mat à l'intérieur. La partie jaune est de saveur forte et possède un

parfum pénétrant. Pressons-en un morceau entre les doigts
devant la flamme d'une bougie ; il en jaillira quelques
gouttelettes de liquide qui sur-le-champ prendront feu en
produisant un petit éclair. Recueilli sur du papier, ce li-

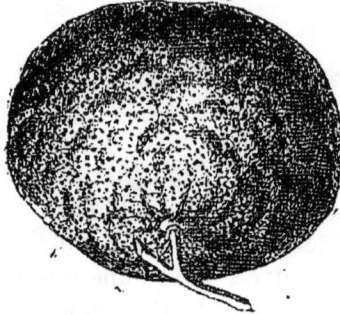

Fig. 152. — Orange.

quide produit une tache translucide, ainsi que le fait
l'huile, seulement la tache d'huile reste, ne s'efface plus,
et la tache produite par le liquide inflammable issu de
l'écorce d'orange disparaît sans bien tarder. On donne à

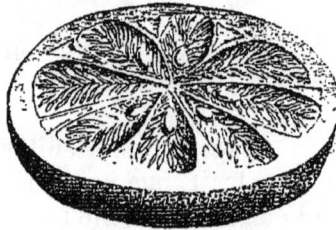

Fig. 153. — Coupe transversale d'une orange.

ce liquide le nom d'*essence*. La peau de l'orange lui doit
son goût âcre et son arome.

L'écorce enlevée, se montre la partie comestible, subdi-
visée en tranches nettement séparables l'une de l'autre.
Chacune de ces tranches est une loge de l'ovaire. Une fine
pellicule les enveloppe, et leur contenu consiste en une

multitude de petits sachets remplis de jus. Une ou deux graines, d'assez gros volume, sont noyées dans la chair de la plupart des loges.

La fleur, par sa beauté, répond à la beauté du fruit. Le calice est façonné en un godet peu profond à cinq larges dentelures. La corólle, d'un blanc pur, comprend cinq pétales. Les étamines sont nombreuses, une vingtaine pour le moins. Il y en a de libres dans toute leur étendüe ; il y en a qui, soudant leurs filets, forment des groupes de deux, de trois et parfois davantage. Un style à gros stigmate surmonte l'ovaire, la future orange. Ajoutons que les fleurs de l'Oranger possèdent un parfum suave.

L'arbuste, de la taille de nos moyens pommiers, conserve son feuillage toute l'année. Les feuilles sont fermes, lisses, odorantes. Leur pétiole s'étale de droite et de gauche en une étroite lame verte, et présente un trait de séparation dans le point où il se rattache au limbe de la feuille.

2. Eau de fleurs d'Oranger. — Toutes les parties de l'Oranger sont odorantes. Nous avons reconnu dans la peau du fruit une essence à pénétrante odeur, semblable essence se retrouve dans les feuilles, dont on fait usage, en infusion, pour calmer les

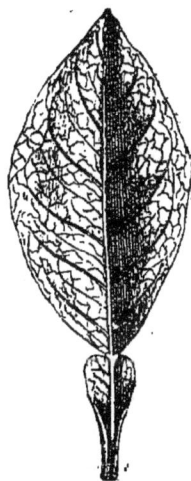

Fig 154. — Oranger. Feuille.

irritations nerveuses. Les fleurs surtout possèdent un arome suave. Avec elles s'obtient l'eau de fleurs d'oranger, objet de fabrication importante, car cette eau trouve emploi dans toutes les demeures, tantôt comme assaisonnement aromatique, tantôt comme médicament propre à calmer les nerfs. On l'obtient en mettant les fleurs d'oranger dans de l'eau, que l'on chauffe doucement en des vases clos, de manière à recueillir les vapeurs qui se dégagent. Ces vapeurs entraînent avec elles la matière odorante, et redevenant de l'eau par le refroidissement fournissent un liquide imprégné de la douce odeur des fleurs.

3. **Hespéridées.** — Frappés de la beauté des oranges, les anciens racontaient sur ces fruits de singulières fables. Ils les appelaient les Pommes d'or. Jusque-là, rien de mieux; la magnifique couleur de la peau mérite bien cette dénomination. Mais ils prétendaient en outre, tant ces fruits étaient encore chose rare, que les Pommes d'or croissaient en une île éloignée, dans le jardin des Hespérides, que gardait un terrible dragon, ne fermant la paupière ni le jour ni la nuit, afin que nul ne portât la main sur le trésor confié à sa jalouse surveillance. Il est bien entendu qu'avec pareil gardien, déchirant de sa griffe quiconque pénétrait dans le jardin, les oranges ne se vendaient pas alors un petit sou la pièce comme de nos jours. Il fallait un courage surhumain pour s'en procurer une demi-douzaine. Lisez, à ce sujet, ce que nous raconte la mythologie. En souvenir de ce vieux conte, les savants forment de l'Oranger et des végétaux qui lui ressemblent la famille des *Hespéridées*. Là se classe le *Citronnier*, qui reproduit exactement les détails de structure de l'Oranger, mais dont les fruits, d'un jaune pâle et d'odeur différente, possèdent un jus aigre, bon pour obtenir de la limonade et pour assaisonner certains de nos mets.

CHAPITRE XVIII

LA MAUVE, LA ROSE TRÉMIÈRE

1. **La Mauve.** — Les sentiers dans les cultures, les décombres, les bords des chemins, sont les lieux de prédilection de la Mauve, plante fort commune, attirant le regard par ses grandes fleurs roses veinées de violet. Les tiges,

fort rameuses, s'étalent à terre, et partent d'une rosace de
feuillage appliquée sur le sol. Les fleurs sont disposées
par petits paquets à l'aisselle des feuilles. Elles ont un

Fig. 156.
Mauve. Calice et
fruit.

Fig. 155. — La Mauve.

Fig. 157.
Mauve.
Pistil et calice.

calicule de trois pièces, un calice de cinq sépales soudés
par la base; une corolle de cinq pétales échancrés en cœur
au sommet.

Jusque-là rien qui s'éloigne de la structure commune à

une foule de fleurs; mais voici où commencent-les traits distinctifs des Mauves. Les étamines sont très nombreuses et réunies toutes ensemble par les filets en une colonne creuse, que surmonte l'amas des anthères. Un support unique, assez gros, lisse à l'extérieur, creusé d'un canal à l'intérieur, et s'amincissant un peu de la base au sommet, se termine par une houppe d'anthères pressées. Assemblées de la sorte, les étamines sont qualifiées de *monadelphes*, c'est-à-dire réunies en un seul faisceau. Pareille disposition ne se voit que dans la Mauve et les végétaux qui lui ressemblent.

Fendons avec la pointe d'une aiguille la colonne creuse des étamines; dans son canal nous trouverons de nombreux styles qui, d'abord épanouis en un pinceau, se soudent plus bas entre eux et deviennent tige commune. Ils se distribuent dans l'ovaire, formé d'un grand nombre de loges disposées en cercle. Cette disposition est surtout aisée à voir lorsque le fruit est mûr. On reconnaît alors que ce fruit se compose d'une foule de parties, aplaties en disques ou palets, étroitement serrées l'une contre l'autre par leurs faces plates, et groupées ainsi en un bourrelet circulaire. Quand la maturité est bien accomplie, ce gracieux arrangement se détruit et les parties se séparent. Chacune d'elles est une loge de l'ovaire; sous des enveloppes protectrices, elle renferme une seule semence.

Fig. 158.
Éta-
mines
monadel-
phes de
la Mauve.

Toutes les parties de la Mauve, les feuilles surtout et les fleurs, sont riches en mucilage adoucissant; aussi la médecine en fait-elle fréquent emploi. La racine d'une plante très voisine, la *Guimauve*, fournit son suc mucilagineux pour la pâte de guimauve, favorable aux poitrines fatiguées.

2. **La Rose trémière.** — C'est une plante ornementale dont la tige, haute d'une paire de mètres, monte en une énorme quenouille de fleurs, tantôt blanches, roses ou rouges, tantôt jaunes, amarantes, ou rembrunies de pourpre noir. Un port majestueux, une pyramide de grandes fleurs,

une floraison abondante et riche de coloration, font de la Rose trémière un des plus beaux ornements des jardins. Quand elles sont doubles, et dans nos cultures c'est le cas habituel, ces fleurs, à innombrables pétales, forment de larges cocardes qui rivalisent avec la rose pour l'éclat. Aussi la plante a-t-elle un autre nom, celui de *Passe-rose*, signifiant que pour la beauté des fleurs, elle dépasse la rose.

Mais laissons ce luxe de pétales, obtenu aux dépens des étamines, et considérons la fleur simple, qui seule peut nous renseigner sur la régulière structure. A part le calicule, dont les pièces sont plus nombreuses, de six à neuf, le reste est exactement la fleur de la Mauve. En particulier mêmes étamines monadelphes ou assemblées en une colonne creuse, mêmes styles nombreux, même couronne de semences en disque.

3. **Malvacées**. — La Mauve, en langue latine *Malva*, a donné son nom à cette famille, dont elle est le représentant le plus connu. Les étamines monadelphes forment le caractère le plus saillant de ce groupe de plantes. Là se range le *Cotonnier*, trop important pour être passé sous silence.

4. **Le coton**. — Le coton, la plus importante des matières employées pour nos tissus, est fourni par une Malvacée des pays chauds, appelée *Cotonnier*. C'est une herbe d'un à deux mètres d'élévation, ou même un arbrisseau, dont les grandes fleurs jaunes ont la forme de celles de nos Mauves.

A ces fleurs succèdent des fruits ou coques de la grosseur d'un œuf, que remplit une bourre soyeuse, tantôt d'un blanc éclatant, tantôt d'une faible nuance jaune, suivant l'espèce de Cotonnier. Au milieu de cette bourre se trouvent les semences.

A la maturité, les coques s'entr'ouvrent, bâillent et leur bourre s'épanche en un moelleux flocon, que l'on recueille à la main coque par coque. La bourre bien desséchée au soleil sur des claies, est battue avec des fléaux, ou mieux soumise à l'action de certaines machines. On la débarrasse de la sorte des semences et des débris du fruit. Sans autre préparation, le coton nous arrive en grands ballots pour être converti en tissus dans nos usines. Les pays qui en fournissent le plus sont l'Inde, l'Egypte, le Brésil, et surtout les Etats-Unis de l'Amérique du Nord.

En une seule année, les manufactures de l'Europe mettent en œuvre près de huit cent millions de kilogrammes de coton. Ce poids énorme n'est pas de trop, car le monde entier s'habille avec la précieuse bourre, devenue indienne, percale, calicot. Aussi l'activité humaine n'a-t-elle pas de

Fig. 159. — Le Cotonnier.   Fig. 160. — Coque du Cotonnier

plus vaste champ que le commerce du coton manufacturé.

Que de mains à l'œuvre, que d'opérations délicates, que de longs voyages pour un simple pan d'indienne du prix de quelques centimes! Une poignée de coton est récoltée, supposons, à deux ou trois mille lieues d'ici. Ce coton traverse l'Océan, il fait le quart du tour du globe et vient en France ou en Angleterre, pour y être manufacturé. Alors on le file, on le tisse, on l'embellit de dessins coloriés, et, devenu indienne, il repart à travers les mers pour aller peut-être, à l'autre bout du monde, servir de coiffure à quelque négresse crépue.

Quelle multiplicité d'intérêts en jeu! Il a fallu semer la plante; puis, pendant une bonne moitié de l'année, en soigner la culture. Dans la poignée de bourre, il y a donc à prélever la part, la grosse part de ceux qui ont cultivé et récolté. Arrivent alors le commerçant qui achète et le marin qui transporte. A l'un et à l'autre, il faut une part dans la poignée de bourre. Puis viennent le filateur, le tisseur, le teinturier, que le coton doit dédommager tous de leur travail. C'est loin encore d'être fini. Voici maintenant d'autres commerçants qui achètent les tissus, d'autres marins qui les transportent dans toutes les parties du monde, et enfin des marchands qui vendent au détail. Comment fera la poignée de bourre pour payer tous ces intéressés sans devenir elle-même d'un prix exorbitant?

Pour accomplir cette merveille interviennent ici les deux puissances de l'industrie : l'auxiliaire de la machine et le travail en grand. Dans d'immenses salles sont disposés, par centaines de mille, les délicats engins propres à filer, crochets, fuseaux et bobines. Une machine qu'anime la vapeur, les met en mouvement. Et tout cela tourne à la fois avec une exquise précision, et une rapidité qui défie le regard, et tout cela travaille et tout cela bruit à vous rendre sourd. La bourre de coton est saisie par des milliers et des milliers de crochets; les fils, d'une longueur sans fin, vont et viennent d'une bobine à l'autre, et s'enroulent sur les fuseaux. En quelques heures, une montagne de coton est convertie en un fil dont la longueur ferait plusieurs fois le tour de la terre. Qu'a-t-on dépensé pour un travail qui aurait épuisé les forces d'une armée de fileuses? Quelques pelletées de charbon pour chauffer l'eau dont la vapeur fait mouvoir la machine qui met le tout en branle.

Le tissage, l'impression des dessins coloriés, enfin les diverses opérations que la bourre subit pour devenir tissu, se font par des moyens tout aussi expéditifs, tout aussi économiques. Et c'est ainsi que le planteur, le négociant, le marin, le filateur, le tisserand, le teinturier, le marchand peuvent chacun avoir leur part dans la poignée de bourre de coton, devenue pan d'indienne et vendue quatre sous.

CHAPITRE XIX

LE GÉRANIUM, LE PÉLARGONIUM

1. Le Géranium. — Il en est parmi vous, c'est à peu près sûr, à qui n'est pas inconnu certain amusement qui s'offre de lui-même dans toute printanière expédition à la campagne. En son jeune temps, celui qui écrit ces lignes y prenait vif plaisir, et il aime à croire que la mode n'en est pas tout à fait perdue. Racontons en détail la chose.

Sur les bords gazonnés des chemins fréquemment se rencontre une plante à petites fleurs roses, dont le fruit, renflé en bas, allongé et pointu à l'autre bout, figure très bien la tête et le long bec d'une cigogne. Son nom est *Géranium*. Quand il est bien mûr et sec, ce fruit se divise de lui-même en cinq semences, qui se séparent l'une de l'autre de bas en haut tout autour d'un filet central leur servant d'appui commun. Le bout inférieur de ces semences est une fine pointe, aiguë et dure; l'extrémité supérieure porte une longue lanière poilue, apte à se rouler en tire-bouchon par un temps sec, à se dérouler par un temps humide. Si la division du fruit s'est faite récemment, les cinq semences se montrent appendues au sommet du support commun par l'extrémité de leurs lanières contournées en spirale.

Nous prenions donc une de ces semences, nous la fixions par sa pointe sur le drap de la manche, et après l'avoir mouillée d'un peu de salive, nous regardions faire. N'oublions pas d'ajouter que le petit tire-bouchon de la graine se termine en haut par une portion non enroulée, assez longue, coudée à angle droit avec le reste, et figurant ainsi une sorte d'aiguille de montre, fixée à son pivot. Or voici que, par l'effet de l'humidité de la salive, l'aiguille du Géra-

Fig. 161. — Le Géranium Robert.

nium se met à tourner parce que son pivot en tire-bouchon se déroule. On dirait l'aiguille d'une montre indiquant les heures; il ne manque que le cadran. Puis, l'humidité disparue, la mécanique végétale un moment s'arrête, et finalement se remet à tourner, mais cette fois-ci en sens inverse de la première, parce que maintenant le tire-bouchon en se desséchant s'enroule. La torsion terminée, on remettait un peu de salive et la machine recommençait, tour à tour en avant ou en arrière suivant qu'elle étai tmouillée

8.

ou sèche. A ceux qui l'ignorent, nous recommandons cette curiosité de l'aiguille végétale tournante.

A quoi bon ce tire-bouchon, qui se tord sec et se déte d humide; de quel avantage est pour la plante la rotation de son aiguille? C'est facile à voir. La semence quitte la plante à l'état de tire-bouchon serré; ses poils étalés donnent prise au vent, la soutiennent en l'air et lui servent de parachute. Enfin elle tombe, la graine en bas. Celle-ci, très pointue à l'extrémité, s'engage très légèrement dans la terre meuble; mais bientôt, sous l'influence alternative de l'humidité et de la sécheresse, le filament spiral se déroule,

Fig. 162. — Géranium
Fruit.

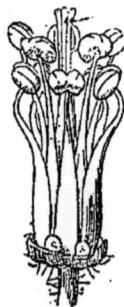

Fig. 163. — Géranium.
Etamines et pistile.

puis de nouveau s'enroule; et par la poussée de cette espèce de vrille en perpétuel mouvement, la graine s'enfouit assez pour trouver à germer.

Ce curieux fruit provient d'une fleur qui n'a rien de bien remarquable à nous montrer. On y trouve cinq sépales distincts l'un de l'autre, cinq pétales, dix étamines, un pistil à cinq stigmates correspondant aux cinq semences dont nous venons de parler.

Le nombre des étamines mérite de nous arrêter un instant. Il y en a dix, juste le double des pièces soit du calice, soit de la corolle, le double enfin du nombre d'étamines que la plupart des autres plantes nous ont offert jusqu'ici. Nous avons trouvé pareil nombre dans les fleurs papilio-

nacées. Pourquoi dix, le double de cinq, plûtot qu'un autre
nombre? Cela provient de ce que le Géranium possède deux
rangées d'étamines, deux verticilles, chacun de cinq, alternant entre eux suivant l'habituelle règle. Le verticille
extérieur, faisant face aux intervalles des pétales, comprend cinq étamines un peu plus courtes que les autres;
le verticille intérieur, alternant avec le premier, et par
conséquent faisant face aux pétales, a les siennes plus
longues. Ainsi se distin-
guent l'une de l'autre les
deux rangées circulaires
consécutives. Nous re-
trouvons donc dans le
Géranium ce nombre cinq
qui si souvent reparaît
dans l'architecture de la
fleur; seulement, pour les
étamines, ce nombre est
ici répété deux fois.

Le genre Géranium
comprend une foule d'es-
pèces qui peuplent les
champs, les prairies, les
forêts de nos pays; il comprend aussi des espèces
étrangères que l'on cultive
dans les serres pour la
beauté de leurs fleurs.
L'un d'eux est remar-
quable par son feuillage

Fig. 164. — Erodium à feuilles de ciguë.

à suave odeur musquée. On les reconnaît tous à la structure de la fleur, et surtout à la structure du fruit, se divisant en cinq semences que termine un long appendice
apte à se rouler en spirale.

2. **Le Pélargonium.**— *Geranium* veut dire grue, et *Pe-
largonium*, cigogne. Une autre plante très voisine s'appelle
Erodium, qui signifie héron. Grue, cigogne, héron, tous
oiseaux au long bec, emmanché d'un long cou, comme dit

la Fontaine. Les plantes qui en empruntent le nom ont pareillement long bec, c'est-à-dire ont le fruit longuement prolongé en pointe. Quant au long cou, rien n'empêche de le voir dans le pédoncule du fruit.

Le Pélargonium est une belle plante ornementale originaire du cap de Bonne-Espérance, et très répandue maintenant dans les jardins, où elle est recherchée à cause de ses abondantes fleurs rouges, roses ou blanches, disposées en bouquets compacts. Mais c'est une plante frileuse, qui demande, l'hiver, le chaud abri d'une serre. Ses feuilles larges et de forme un peu orbiculaire, exhalent plus ou moins une déplaisante odeur d'anchois. Le caractère qui distingue le Pélargonium du Géranium demande attention pour être saisi. Considérons avec soin les sépales du calice. L'un d'eux, celui qui est en arrière, regardant le centre de l'amas de fleurs, se prolonge à la base en un sac très étroit, faisant corps avec le pédoncule. Au fond de ce sac se prépare et suinte le nectar, la liqueur sucrée qui doit attirer les insectes pour favoriser la dispersion du pollen sur les stigmates. Un long sachet à nectar, provenant d'un sépale et collé très étroitement avec la queue de la fleur, tel est le caractère qui distingue le Pélargonium. Quant au reste, c'est exactement ce que nous a montré le Géranium.

3. **Géraniacées**. — C'est la famille de plantes à fruits en bec de grue, de héron, de cigogne; à semences surmontées d'une arête qui s'enroule en tire-bouchon par un temps sec, et se déroule par un temps humide.

CHAPITRE XX

LA VIGNE. — LA VIGNE VIERGE

1. **La Vigne produit le vin.** —La Vigne nous donne la grappe de raisin, ce délicieux fruit de table dont chacun reconnaît les mérites ; et la même grappe, pressée, fournit un jus qui se convertit en vin. La vendange est foulée par des hommes, qui la piétinent dans de grands cuviers. La purée liquide ainsi obtenue est abandonnée à elle-même pendant quelques jours. Bientôt elle s'échauffe toute seule et se met à bouillonner comme si elle recevait la chaleur de quelque foyer. Peu à peu la saveur douce disparaît, remplacée par la saveur vineuse. Enfin, le mouvement tumultueux s'apaise, le liquide s'éclaircit, le vin est fait.

2. **Ennemis de la Vigne. La Pyrale.** — Or la précieuse souche est ravagée par une foule d'ennemis qu'il importe de connaître afin de les combattre si nous voulons récolter encore quelques tonneaux de vin. Ces ravageurs de la Vigne appartiennent au petit monde des insectes, petit monde terrible par le nombre sans limites et l'insatiable appétit de ses dévorants. Moindre est leur taille, plus ils sont à craindre, car ils échappent mieux ainsi à nos moyens de défense. Faisons comparaître ici les principaux et jugeons leurs méfaits.

La Pyrale de la Vigne est un petit papillon dont les ailes jaunes ont des reflets métalliques cuivreux et des bandes transversales brunes. Sa chenille est verdâtre, hérissée de quelques poils courts, avec la tête d'un vert foncé luisant. Au mois d'août, le papillon pond ses œufs sur les feuilles de la Vigne, par petites plaques d'une vingtaine au plus. L'éclosion a lieu en septembre A cette époque avancée de l'année, les chenilles ne prennent aucune nourriture ; elles se suspendent à un fil et attendent que l'agitation de l'air les pousse contre les ceps ou les échalas. Dès qu'elles ont pris pied sur l'appui désiré, elles se réfugient dans les rides de l'écorce et les fissures du bois. C'est là que les chenilles restent engourdies et passent l'hiver.

Au réveil de la végétation, dès que la Vigne déploie ses premières pousses, elles quittent leur retraite, envahissent le cep et enlacent de fils soyeux les jeunes grappes et les feuilles naissantes, pour les brouter avec l'appétit que donne un jeûne de cinq à six mois. Les dégâts vont vite avec de telles affamées. En quelques semaines, quand cette engeance abonde, la plus belle vigne est mise dans un état pitoyable, et tout espoir de récolte est perdu.

On se délivre de la pyrale en échaudant en hiver les

Fig. 165. — L'Eumolpe de la Vigne.

Fig. 166. — Pyrale de la Vigne et sa chenille.

Fig. 167. Le Phylloxera.

ceps et les échalas avec de l'eau bouillante. On tue les chenilles réfugiées dans les rides de l'écorce et dans les fissures du bois.

3. **Le Rhynchite.** — Ce nom, qui signifie bec, est donné à un petit scarabée dont la tête se prolonge en une sorte de bec effilé ou trompe. Le Rhynchite est d'un magnifique vert brillant en dessus avec l'éclat de l'or en dessous. Sa larve est un vermisseau de couleur blanche, sans pattes, qui vit d'abord dans un rouleau façonné par la mère avec une feuille de Vigne. Dans le mois de mai, l'insecte coupe d'abord aux trois quarts la queue d'une feuille pour arrêter la sève ; de la sorte, la feuille se fane et acquiert la souplesse voulue. Alors le scarabée à trompe la roule sur elle-

même et dépose dans ses replis trois ou quatre œufs. Quand le rouleau a pris en se desséchant la teinte tabac, on le prendrait pour un cigare appendu au pampre. Les petites larves abandonnent bientôt cette première retraite, se laissent tomber et s'enfouissent en terre, où elles achèvent de se développer.

Le faiseur de cigares compromet la vigueur de la Vigne en détruisant ses feuilles ; il convient donc de recueillir en mai et en juin les rouleaux appendus aux ceps et de les brûler pour détruire l'insecte dans son berceau et prévenir les dévastations futures.

4. **L'Eumolpe**. — Encore un petit scarabée, mais de costume simple. Les élytres, ou ailes dures servant d'étui aux ailes pour le vol, sont d'un rouge châtain ; tout le reste du corps est noir. L'Eumolpe de la Vigne se nomme vulgairement l'*Écrivain*, parce qu'il ronge la surface des feuilles et y trace de fines découpures ayant quelque ressemblance avec une écriture embrouillée. Il attaque de la même manière la queue des feuilles et des grappes, les jeunes pousses, les grains de raisin. Si les Eumolpes sont abondants, toutes ces déchirures font dépérir les ceps, qui ne donnent alors que des fruits rares et de mauvaise qualité.

Au moindre signe de danger, lorsqu'il est sur les feuilles occupé à tracer sa nuisible écriture, l'insecte rassemble les pattes sous le ventre et se laisse tomber sur le sol, avec lequel il se confond par sa couleur terne ; puis il fait le mort, espérant se tirer d'affaires en ne remuant plus. Eh bien ! c'est la ruse de l'Eumolpe que l'on met à profit pour donner la chasse à ce ravageur de la Vigne. On étend au pied du cep une toile, et l'on donne un coup sec à la souche. Les Écrivains se laissent choir. Ils font les morts, mais on les voit sur la toile, et pas un n'échappe au triste sort qui l'attend.

5. **Le Phylloxera**. — Celui-ci est le plus redoutable de tous. Depuis une quinzaine d'années qu'il fait parler de lui, il a déjà détruit la majeure partie des vignobles du Midi, et progressant toujours plus avant, il menace d'anéantir

le peu qui reste encore. Jamais nos caves n'ont été mises
en plus grand péril.

Faisons connaissance avec la calamiteuse petite bête.
N'avez-vous jamais observé sur les Rosiers une sorte de
pou vert, qui vit serré en troupes compactes, immobile, le
suçoir implanté dans la tendre écorce? Ces infimes bes-
tioles, souillure de nos roses, se nomment *Pucerons*.
Presque chaque plante a les siens. Il y en a de jaunes sur
le Laurier-rose, de noirs sur la Fève.

Eh bien! le terrible fléau de la Vigne est une sorte de
puceron ayant nom *Phylloxera*. Et que signifie cette dénomination à tournure étrange? Elle signifie dessécheur
des feuilles. Il les dessèche, en effet, d'une façon mortelle,
non en s'attaquant au feuillage, mais bien aux racines,
d'où monte la nourriture puisée en terre; il les dessèche
en les affamant.

L'affreux pou vit dans le sol, attablé, sans discontinuer,
aux racines de la Vigne. Il ne bouge plus ou presque plus,
une fois le suçoir implanté en un point qui lui convient.
Par un privilège qui centuple le mal, le Phylloxera est
d'une fécondité prodigieuse. Pondre de petits œufs jaunes,
toute sa vie durant, sans interrompre le travail du suçoir,
voilà son unique affaire. L'éclosion est prompte. Aussitôt
éclos, les jeunes pous prennent place à côté des vieux,
s'attablent, rapidement grossissent et se mettent à pondre.
Il en résulte une troisième lignée, qui en produit une
quatrième, et ainsi de suite sans limites déterminées. De
la sorte les générations promptement s'accumulent, si bien
qu'en peu de semaines la racine est couverte d'une couche
presque continue de vermine. Piquée en mille et mille en-
droits, la racine, épuisée de sucs, périt, entraînant la perte
de tout le reste. Enfin, pour propager la race au loin, il
sort de terre, pendant les chaleurs de l'été, quelques pucerons organisés en vue du voyage et pourvus d'ailes. Ils
s'envolent et se répandent dans les vignobles encore sains,
où ils déposent des œufs, point de départ de nouvelles colonies.

Comment nous défendre contre cet ennemi à vie souter-

raine? Nous pouvons ébouillanter les chenilles de la Pyrale
dans leurs repos d'hiver, recueillir sur une toile les Écrivains qui se laissent choir en faisant les morts, brûler les
cigares du scarabée rouleur de feuilles; mais comment at--
teindre le Phylloxera caché dans les profondeurs du sol,
comment panser la racine malade avec un onguent? Il ne
manque pas de drogues qui, bien distribuées dans le sol,
tueraient raide l'odieux pou; mais ces drogues coûtent cher,
elles peuvent nuire à la Vigne, elles sont difficiles à faire
pénétrer partout dans la terre. Dans cette voie ou dans une
autre, espérons toutefois que le fléau sera conjuré, tant les
recherches et les expériences se multiplient sur ce difficile sujet.

6. **L'Oïdium.** — A l'animal s'adjoint la plante pour
ravager la Vigne. Une infime moisissure, maigre duvet

Fig. 168. — Vigne.
Fleur jeune.

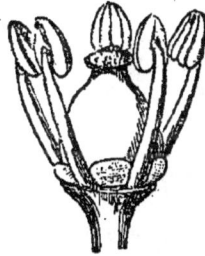

Fig. 169. — Vigne.
Fleur sans corolle.

blanchâtre, prend la grappe pour champ de végétation.
C'est son terrain à elle, le terrain qu'il lui faut pour prospérer, de même qu'il faut à d'autres moisissures une écorce
de tranche de melon, une vieille poire, un morceau de
pain humide, un pot de confitures oublié. Cette moisissure
se nomme Oïdium. Les grains qu'elle attaque se gercent, se
fendillent et se dessèchent sans parvenir à se développer.
On combat l'Oïdium en poudrant la Vigne de fleur de soufre.

7. **Fleurs et vrilles.** — La fleur de la Vigne est loin
de répondre, pour la beauté, aux mérites du fruit. L'utile
y remplace l'agréable. Elle est toute petite et verdâtre. Le

FABRE. — Végétaux.   9

calice se distingue à peine. Les pétales, au nombre de cinq,
sont de petites lamelles d'un vert jaune, qui, agglutinées
au sommet et se séparant de leur support lors de la floraison, tombent semblables à une coiffe enlevée. La fleur
épanouie n'a donc plus de pétales. On y voit cinq étamines
et un pistil à ovaire ventru, qui deviendra le grain de
raisin.

Non contenue dans les limites d'élévation que la taille
lui impose pour les facilités de la culture, la Vigne est une
liane, c'est-à-dire un arbuste à longue tige, qui, incapable
de se tenir droite par elle-même, prend appui sur les arbres voisins. Comme moyen d'escalade elle a des vrilles,
petits rameaux qui se roulent en tire-bouchon autour de
l'objet saisi.

8. **Vigne vierge.** — Malgré son nom, la Vigne vierge

Fig. 170. — Rameau de Vigne
avec vrilles.

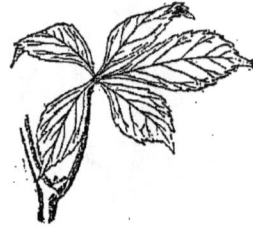

Fig. 171. — Feuille de Vigne
vierge.

ne doit pas être confondue avec la Vigne vulgaire, produisant le raisin. C'est un arbuste de la même famille, il
est vrai, mais tout différent, à petits fruits sans usage. On
l'utilise uniquement pour tapisser les murs de verdure,
genre d'emploi auquel se prête admirablement la structure
de ses vrilles.

Lorsqu'une plante doit s'élever en prenant appui sur la
ramée voisine, les vrilles ne peuvent mieux remplir leur
rôle d'organes ascensionnels que sous la forme de filaments
spiraux roulés autour des ramilles saisies; mais lorsqu'elle doit gravir une surface plane, un mur, un rocher
vertical, l'enroulement resterait inefficace à cause de l'im-

possibilité de rien enlacer. Tel est le cas de la Vigne
vierge employée pour tapisser d'un rideau de verdure les
façades des habitations de campagne et les murs des jardins.

Sans autre appui que la surface verticale, la plante
s'élève à une grande hauteur, et se fixe, d'une manière
assez solide pour tenir tête aux coups de vent, sur la brique,
la pierre, le mortier uni, les pièces de bois rabotées et
peintes. Les extrémités de ses vrilles rameuses se termi-
nent en pelotes adhésives; c'est-à-dire qu'une fois appliquées sur le mur, elles s'aplatissent et se façonnent en
disques dont la petite masse charnue se moule sur les
moindres irrégularités, pénètre dans les plus étroites fissures et fait pour ainsi dire corps avec le point touché. En
outre, afin de rendre l'adhérence plus parfaite, ces disques transpirent une espèce de mastic résineux.

Le filament est si solidement fixé, qu'on ne peut l'arra-
cher de force sans entraîner des parcelles de mortier. Dans
une expérience, on a vu une vrille de Vigne vierge composée de cinq ramifications supporter, avant de céder, une
traction de cinq kilogrammes. Quelle ne doit pas être alors
la force d'adhésion de la plante entière, couvrant toute
une façade de ses innombrables vrilles.

9. **Ampélidées.** — Les deux végétaux objet de cette
leçon font partie d'une famille très peu nombreuse, celle
des *Ampélidées*, ainsi appelée du nom *ampelos* que les
Grecs donnaient à la Vigne.

CHAPITRE XXI

L'ŒILLET. — LA SAPONAIRE

1. **L'Œillet.** — Pareil à une personne corpulente qui
ferait éclater les coutures d'un vêtement trop étroit,

l'*OEillet* de nos jardins, devenu obèse, déchire son calice et répand au dehors, par la fente, la surabondance de ses pétales. Laissons la disgracieuse fleur éventrée par le trop-plein et portons notre examen sur la fleur simple, où l'ordre naturel n'est pas troublé.

La plante est de port raide. De distance en distance, les tiges se renflent en un *nœud*, d'où partent deux feuilles opposées, étroites, allongées, pliées en gouttière. Toute la plante est d'un vert pâle, tournant au bleu cendré; en un mot, elle est glauque. Si l'Œillet n'avait pas d'autres titres à faire valoir pour être admis dans nos parterres, on l'aurait à tout jamais laissé sur les rochers et les vieilles murailles où il vient naturellement. Mais ses fleurs sont belles, d'une rare élégance, et surtout d'un parfum très doux. Voyons donc les fleurs.

A la base sont quatre écailles, opposées deux à deux, et formant un supplément de calice. On y reconnaît aisément quatre feuilles, très raccourcies et devenues plus larges pour donner

Fig. 172. — L'Œillet.

une enceinte défensive à la fleur. Le calice est gamosépale. Il est façonné en profond étui cylindrique, dont l'embouchure s'ouvre en étalant cinq dents, terminaison des cinq sépales assemblés. Au fond de cet étui vert sont fixés cinq pétales, sans nulle soudure entre eux. Épanouis au dehors en large lame dentelée, les pétales ne peuvent conserver pareille ampleur en plongeant dans le sac étroit du calice; la place leur manquerait. Ils se recourbent donc à angle droit et se rétrécissent en une lanière qu'on appelle *onglet*. De la sorte il y a place pour tous.

On compte dix étamines, cinq plus longues et cinq plus courtes. C'est encore là un exemple du verticille de cinq se répétant deux fois, avec inégalité de développement. Deux styles divergents et recourbés en crosse surmontent

Fig. 173. — Œillet.
Un pétale.

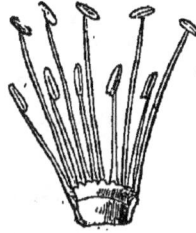

Fig. 174. — Œillet. Étamines étalées.

un ovaire où se constatent deux loges. Le fruit est un sac cylindrique, à parois arides, enfin une *capsule*, qui s'ouvre seulement au sommet en étalant quatre dentelures, dont chaque paire est fournie par une des deux loges de l'ovaire.

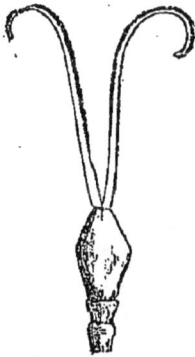

Fig. 175. — Œillet. Pistil.

Fig. 176. — Œillet. Fruit.

2. **La Saponaire.** — C'est au bord des champs, au bord des fossés, dans les haies, qu'il faut chercher, en juillet et août, la *Saponaire*, plante fort commune à l'état sauvage, mais rarement admise dans les jardins, bien que ses fleurs,

construites sur le modèle de l'Œillet, ne soient pas dépourvues de mérite.

L'enceinte défensive des quatre écailles manque, mais
le calice forme, comme dans l'Œillet, un étui cylindrique
qui s'ouvre en cinq dents. La corolle est grande, d'un rose
pâle ou blanche. On y compte cinq pétales rétrécis en
onglet. Viennent après dix étamines, en deux rangées
circulaires de cinq; deux styles, un ovaire à deux loges,
donnant pour fruit une capsule. En somme, c'est une imi-
tation de la fleur de l'Œillet. Mais le feuillage est tout dif-

Fig. 177. — La Saponaire. *a*, une fleur; *b*, un pétale isolé.

férent. La coloration en est verte, et les feuilles, portées
sur une courte queue, sont des lames en ovale allongé.
Ainsi que dans l'Œillet, elles naissent deux par deux à
chaque renflement ou nœud de la tige et des rameaux.

Dans les premières lettres du nom de la Saponaire, un
caractère à part, se retrouve le mot *savon*. Est-ce rencontre fortuite? Nullement; la Saponaire est ainsi nommée
parce qu'elle est la plante à savon. Prenons-en une poignée
que nous écraserons et froisserons entre les mains avec
de l'eau; le liquide deviendra mousseux et se comportera
de la même manière que l'eau de savon.

3. **Caryophyllées.** — Voilà un mot à tournure bien

étrange pour désigner la famille de plantes à laquelle appartiennent l'Œillet et la Saponaire. Il vient d'une épice, le girofle, d'emploi si fréquent dans les préparations de la cuisine. Cette épice est la fleur d'un arbuste des pays chauds, cueillie et desséchée à l'état de bouton. Or, l'Œillet des parterres répand une douce odeur de girofle, et le girofle, en latin, se dit *caryophyllum*. La famille des Caryophyllées est donc le groupe de plantes dont le chef de file est l'Œillet, exhalant le parfum du girofle.

CHAPITRE XXII

LA GIROFLÉE. — LE CHOU

1. La Giroflée. — Les vieilles tours en ruines, les corniches des édifices où les siècles ont amassé un peu de terre, sont jaunies, dès le mois d'avril, par les fleurs de la *Giroflée*. C'est l'époque du retour des hirondelles, l'époque du réveil de la vie au printemps. Quelque coup de vent avait jeté sur ces hauteurs les semences de la Giroflée, toutes petites, aplaties, avec bordure membraneuse favorable aux voyages aériens; et la robuste plante s'est développée, plongeant sa racine dans les interstices des pierres.

Procurons-nous un pied de Giroflée en fleurs, soit sur les vieilles murailles, son habituel séjour, soit dans les jardins, où ses grandes corolles odorantes la font admettre comme plante d'ornement. Or voici ce que nous verrons.

Le calice est de quatre sépales, nombre bien extraordinaire au milieu des autres fleurs dont les pièces se comptent par cinq. Ces quatre sépales ne sont pas exactement égaux entre eux : il y en a deux, opposés l'un à l'autre, qui sont un peu renflés à la base et comme bossus; la seconde paire n'a rien de semblable. A chacune de ces bosses, ou plutôt à chacun de ces petits sacs, correspond une fabrique à nectar, un *nectaire* comme on dit, d'où suinte le liquide sucré attirant les insectes pour la dissémination du pollen.

La corolle a pareillement quatre pièces, quatre pétales, qui sont d'un vif jaune orangé. Ces pièces se rétrécissent

Fig. 178. — La Giroflée.   Fig. 179. Giroflée. Pistil.

en onglet, à la façon des pétales de l'Œillet, pour plonger au fond du calice, et s'épanouissent au dehors en une large lame. Opposées deux à deux, elles figurent, dans leur ensemble, une petite croix à branches égales.

Les étamines nous ménagent une autre surprise. Les sépales et les pétales paraissent en annoncer quatre, d'après la loi si générale de la parité de nombre dans les divers verticilles, et cependant il y en a six. De plus, elles ne sont pas égales. En face de chaque sépale bossu, on trouve une étamine courte; tandis que, en face de chaque sépale sans renflement, on voit une paire d'étamines longues. Le verticille se compose ainsi de six étamines, dont quatre plus longues et deux plus courtes. Les quatre étamines longues sont assemblées deux par deux en face des sépales sans renflement à la base; les deux étamines plus courtes sont placées une à une en face des sépales bossus. En outre, au pied de chacune de ces étamines courtes apparaît un léger gonflement, un bourrelet verdâtre à surface humide. C'est là un nectaire, une usine à

Fig. 180. — Girofléc. Étamines.   Fig. 181. — Giroflée. Silique.

liqueur mielleuse; et le petit sac du sépale bossu correspondant est le godet pour recevoir le produit.

Bref, la Giroflée a six étamines, dont quatre sont plus longues. Pour rappeler cet excès en longueur de quatre étamines sur les deux autres, on dit que les étamines de la Giroflée sont *tétradynames*. Expliquer l'origine de cette expression savante nous entraînerait dans le domaine d'une langue ancienne qui nous est encore inconnue; nous nous bornerons à dire qu'elle signifie quatre plus longues, de même que didyname, terme employé pour les étamines des Labiées et des Personnées, signifie deux plus longues.

L'ovaire forme une sorte de colonne que termine brusquement un stigmate fendu en deux pièces un peu

9·

déjetées de côté. Ce double stigmate annonce deux loges à l'ovaire. Il y en a deux effectivement. Le fruit qui en provient prend le nom de *silique*. Il est étroit, allongé et à parois sèches. A la maturité, il s'ouvre de bas en haut, en deux pièces ou valves, qui laissent entre elles, attachée au rameau, une fine cloison avec bordure ou cadre plus solide. Sur l'une et l'autre face, cette cloison porte les semences, appendues de part et d'autre à la bordure. Telle est la silique.

Ce genre de fruit garde le nom de silique lorsqu'il est beaucoup plus long que large, comme dans la Giroflée et le Chou; il prend celui de *silicule*, diminutif de silique, lorsque la largeur ne diffère pas beaucoup de la longueur, comme cela se voit dans diverses plantes voisines de la Giroflée, notamment dans le Thlaspi.

2. Le Chou. — Tout ce que nous venons d'apprendre sur la fleur et le fruit de la Giroflée, s'applique mot pour mot à la fleur et au fruit du Chou. On voit donc, encore une fois après tant d'exemples, comment, une plante étant connue dans ses détails de structure, beaucoup d'autres du même groupe sont connues sans examen spécial. L'histoire de la Giroflée nous dit les traits principaux de l'histoire du Chou, la corolle en croix, les étamines tétradynames, la silique.

Quant aux traits particuliers de cette histoire, deux mots suffisent. Le Chou est l'hôte habituel de nos jardins potagers. Dans la variété dite *Chou pommé* ou *Chou cabus*, les feuilles amples, épaisses, courbées en coquille, s'emboîtent l'une dans l'autre et forment une grosse tête compacte. Privées de lumière par ce mutuel emboîtement, les parties centrales restent blanches et tendres et fournissent ainsi à l'alimentation une précieuse ressource. Dans une autre variété, dite *Chou-fleur*, une volumineuse grappe de fleurs, étroitement serrées l'une contre l'autre à l'état de boutons, reste cachée longtemps au centre d'un amas de feuilles, s'y maintient blanche et tendre faute de lumière, et fournit à la cuisine un mets encore plus estimé que la tête du Chou-cabus.

3. Crucifères. — Ce qui frappe tout d'abord le regard dans les fleurs de la Giroflée, du Chou et autres végétaux semblables, c'est la forme de la corolle disposée en croix par l'opposition des quatre pétales deux à deux. De là provient le nom de famille des *Crucifères*, c'est-à-dire des *porte-croix*, donné à l'ensemble des plantes dont la corolle présente cette structure. Les pétales en croix ne manquent jamais d'être accompagnés des autres caractères : quatre sépales, dont deux bossus à la base ; six étamines, dont quatre plus longues et deux plus courtes ; pour fruit, presque toujours une silique ou une silicule, s'ouvrant de bas en haut en deux valves qui laissent entre elles une cloison médiane portant les graines. Cette famille nous fournit le Chou, dont on mange les feuilles ou

Fig. 182. — Fleurs du Colza.

bien la tête des fleurs en boutons ; la *Rave*, le *Navet*, le *Radis*, qui, pour aliment, nous donnent leurs grosses racines charnues ; la *Moutarde*, dont les graines réduites en poudre servent à faire la moutarde de nos tables, cet assaisonnement de haut goût, à odeur piquante, qui monte au nez ; le *Colza*, dont les graines fournissent de l'huile ; le *Cresson*, qui vient le pied dans l'eau et fournit salade estimée. Peu de familles végétales nous rendent autant de services.

CHAPITRE XXIII

LE COQUELICOT. — LE PAVOT

1. Le Coquelicot. — Nos champs n'ont pas de fleur plus éclatante que celle du *Coquelicot*, compagnon du Bleuet,

au milieu des moissons. Mais cette fleur est de courte
durée. Son calice se détache et tombe dès que le bouton
s'épanouit. Il est formé de deux amples sépales concaves,
hérissés de cils à l'extérieur. Par la poussée de leur contenu, ces deux sépales, manteau provisoire, s'arrachent
de leur base, se disjoignent entre eux, et tombent à terre.

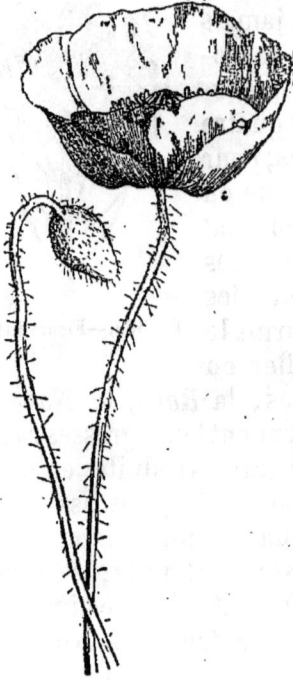

Fig. 183.
Le Coquelicot.

Fig. 184.
Coquelicot.
Fleur non épanouie.

Fig. 185.
Coquelicot.
Fruit.

Alors apparaissent quatre grands pétales, d'un superbe
rouge écarlate, d'abord chiffonnés ainsi qu'une fine étoffe
longtemps contenue dans un étui trop étroit, puis étalés
et sans plis. Leur vive coloration est rehaussée par une
couronne d'innombrables étamines, de teinte sombre avec
anthères d'un pourpre noir.

Au centre est le pistil, d'une rare élégance. Pour mieux

le voir, attendons que les pétales et les étamines soient tombés, ce qui a lieu un jour ou deux après l'épanouissement; ou bien encore donnons notre attention aux fruits laissés par les précédentes fleurs. C'est une sorte d'urne ou vase, ayant pour couvercle un plateau ciselé de bandelettes rayonnantes et festonné sur le bord. Chacune de ces bandelettes est un stigmate. L'urne est divisée à l'intérieur, par des cloisons, en autant de loges que le plateau porte de bandelettes; et dans ces loges sont contenues de très nombreuses et fines semences. Pour donner issue à ses

Fig. 186. — Pavot.

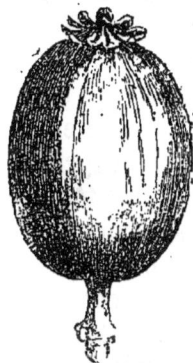

Fig. 187. — Pavot. Fruit.

graines, lorsque la parfaite maturité est venue, l'urne du Coquelicot ne se déforme pas : elle s'ouvre, sous le rebord festonné du couvercle, d'une rangée de petits orifices correspondant chacun à une loge. C'est par ces trous que le fruit, secoué par le vent, dispersera ses graines à la ronde.

2. **Le Pavot.** — Le *Pavot* est très voisin du Coquelicot, qui lui-même est une espèce de Pavot. Sa taille est beaucoup plus grande, son feuillage plus ample, moins découpé, et de cette couleur d'un vert bleuâtre que nous avons appelée glauque. La fleur, avec des dimensions plus fortes, est exactement celle du Coquelicot sous le rapport de la structure. Les pétales sont blancs, rougeâtres ou rosés, avec une large tache noire à la base, tache que présentent

du reste aussi les pétales du Coquelicot. Le fruit, de la grosseur d'une pomme, a la configuration en urne que nous venons de décrire, avec couvercle à bandelettes rayonnantes et ouvertures sous le rebord de ce couvercle pour donner issue aux semences. A cause de son gros volume, on lui donne le nom de *tête* de Pavot.

Dans le fruit du Pavot se trouvent associées une matière alimentaire et une matière à propriétés énergiques capable de donner la mort. Nourriture et poison s'y trouvent côte à côte. La matière alimentaire est fournie par les semences, qui, écrasées et pressées, fournissent une huile estimée, dite *huile d'œillette*, la meilleure de toutes, après l'huile d'olive, pour la préparation de nos aliments.

La matière à propriétés dangereuses provient de la coque du fruit, de l'enveloppe, enfin du péricarpe, pour nous servir de l'expression botanique. Entaillons de la pointe du canif une tête de Pavot encore fraîche et verte ; nous verrons exsuder de l'entaille une gouttelette d'un liquide ayant la blancheur du lait. Mais cet aspect laiteux est bien trompeur, car le liquide, loin d'être doux, possède une amertume très prononcée. A défaut de tête verte de Pavot, nous pourrions essayer le fruit non mûr du Coquelicot. Le même suc apparaîtrait, mais fort peu abondant, tout juste perceptible. En vrai Pavot qu'il est, le Coquelicot donne au moins des traces de ce que donne copieusement le Pavot.

Or, ce liquide blanc et amer, en se desséchant, forme une sorte de résine brune, vendue par les pharmaciens sous le nom d'opium. La terrible drogue, qui prise à dose un peu élevée donnerait la mort, devient, prise avec modération, un médicament précieux, ayant pour vertu de calmer les souffrances et de procurer un paisible sommeil. Aux enfants maladifs, qui ne peuvent dormir, le médecin ordonne une infusion obtenue avec un fragment de tête de Pavot. Le remède amène le sommeil et agit par son opium. Mais cette drogue qui nous aide, en bien des circonstances, à supporter les maux de la vie, est poison redoutable, prise inconsidérément ; elle endort du sommeil final, la mort, non suivi de réveil en ce monde. N'abandonnons pas le Pavot et son produit l'opium, sans remarquer comment des substances terribles peuvent, employées par des mains expérimentées, servir à soulager nos misères.

3. **Papavéracées.** — La langue latine donne au Pavot le nom de *Papaver*. L'expression de *Papavéracées* signifie donc la famille de plantes où se trouvent le Pavot et le Coquelicot, ainsi que bien d'autres de structure semblable.

CHAPITRE XXIV

LE SARRASIN

1. **Périanthe.** — Jusqu'ici la fleur nous a montré deux enveloppes, l'une extérieure et verte, le calice; l'autre intérieure et richement colorée, la corolle. Cette double enceinte se simplifie en bien des plantes. Déjà le Coquelicot et le Pavot ont mis sous nos yeux un calice de courte durée, qui tombe dès que la fleur s'ouvre. Que nous montre en son plein épanouissement la fleur du Coquelicot? Quatre grands pétales rouges, sans la moindre trace de calice; de sorte que si l'on n'était averti par les fleurs en bouton, vêtues de deux amples sépales, on croirait à la seule existence de la corolle.

Eh bien! il y a des fleurs qui sont réellement réduites à ce degré de simplification, non par la chute précoce de l'une des deux enveloppes, mais parce qu'elles n'en possèdent véritablement qu'une seule, même à l'état de bouton non épanoui.

Cette enveloppe unique a tantôt les modestes apparences et la coloration verte d'un calice, tantôt le riche aspect de la corolle. Est-ce un calice? Est-ce une corolle? De quel nom

l'appeler lorsque l'une et l'autre dénomination sont tour à
tour méritées suivant la plante ? Pour nous éviter l'embarras
de nommer calice ce qui parfois est embelli de vives
couleurs, et de nommer corolle ce qui parfois est vert,
on est convenu de ne pas employer ces deux termes, et
d'appeler *périanthe* l'enveloppe unique à laquelle certaines
fleurs sont réduites. De ce nombre est la fleur du *Sarrasin*.

2. Le Sarrasin. — La petite fleur du Sarrasin s'étale
en cinq pièces, blanches ou roses, dont l'ensemble méri-
terait parfaitement le nom de corolle s'il y avait un
calice pour l'accompagner ; mais toute trace de calice fait
défaut. La fleur possède une enveloppe unique, un pé-

Fig. 188. — Le Sarrasin.   Fig. 189. — Sarrasin.   Fig. 190.
                                         Fleur.   Sarrasin.
                                                                   Fruit.

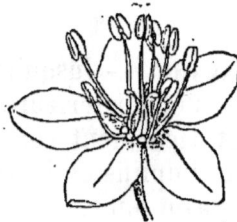

rianthe. Les étamines, dont le verticille régulier serait de
cinq, sont au nombre de huit, nouvelle irrégularité qui
nous éloigne de l'ordre habituel. L'ovaire, surmonté de
trois styles, n'a cependant qu'une loge ; et dans cette loge
mûrit une seule semence. Le fruit est une petite coque
noirâtre façonnée en manière de pyramide à trois facettes
presque planes, dont les lignes de jonction forment trois
arêtes aiguës. Sous cette coque est une semence farineuse.
La plante n'a guère qu'un demi-mètre de hauteur. Ses
feuilles, profondément entaillées à la base, figurent à peu
près un fer de flèche.

Le Sarrasin nous est venu de la Perse, apporté dans nos pays par les Arabes, ou Sarrasins comme on les appelait autrefois. On lui donne vulgairement le nom de *Blé noir*, parce que sa graine farineuse est contenue dans une coque noirâtre, et sert, dans les régions pauvres, froides et montagneuses, à faire du pain noir. Triste pain en vérité, lourd, gluant, indigeste, peu nourrissant, mais dont on se contente faute d'autre. Là où le Seigle et le Froment ne peuvent venir, le Blé noir, plus rustique, donne récolte. Du reste, sa farine est généralement employée à faire des galettes et des bouillies bien préférables au pain noir. D'autre part aussi, la graine du Sarrasin engraisse la volaille, et la plante, verte ou sèche, est un assez bon fourrage pour les bestiaux. Pour tous ces mérites, le Blé noir est l'objet d'une grande culture dans tous les pays froids, à terrain maigre.

3. **Polygonées.** — Ainsi s'appelle la famille de plantes à laquelle appartient le Sarrasin. Cette dénomination vient de *Polygonum*, nom que porte un groupe de végétaux voisins du Blé noir.

CHAPITRE XXV

LE RICIN. — L'EUPHORBE.

1. **Le Ricin.** — Quoique réduites à une seule enveloppe, les fleurs du Sarrasin conservent dans leur périanthe la délicatesse de coloris qui plaît au regard ; elles sont pour tout le monde des fleurs, dans le sens vulgaire du mot ; de gracieuses productions, dignes, par leur forme et leur couleur, d'entrer dans un bouquet. Mais la fleur a pour rôle, avant tout, de perpétuer la plante au moyen de semences. Ses parties fondamentales sont donc le pistil et les

étamines; le reste n'est qu'un accessoire dont le végétal peut fort bien se passer. La graine d'abord, le bouquet après. Partout où se trouve un pistil, partout où se trouvent des étamines, serait-ce une seule, la fleur réellement existe, alors même que les enveloppes somptueuses auxquelles nous sommes habitués manquent complètement ou se trouvent réduites à d'insignifiantes écailles. Donnons quel-

Fig. 191. — Le Ricin.

ques exemples de ces fleurs sans luxe, pourvues du seul nécessaire.

Dans les pays chauds, sa patrie, le *Ricin* est un arbuste de cinq à six mètres de hauteur; dans nos jardins, ce n'est plus qu'une plante herbacée, qui périt tous les ans et atteint en élévation une paire de mètres. Avec ses grandes feuilles *palmées*, c'est-à-dire découpées en longues dentelures qui rayonnent comme les doigts de la main étalés, avec sa tige droite, tantôt glauque et tantôt rougeâtre, que termine une forte grappe de fleurs, il produit très bel effet comme plante d'ornement.

Les fleurs sont de deux sortes : il y a des fleurs à étamines et des fleurs à pistil, comme dans la Citrouille et autres Cucurbitacées. Les fleurs à étamines occupent le bas de la grappe. On y voit un périanthe composé de cinq parties verdâtres, et puis de très nombreuses étamines, groupées par les filets en une multitude de petits bouquets indépendants les uns des autres.

Dans les fleurs à pistil, occupant la partie supérieure de la grappe, le périanthe, également verdâtre, n'est formé que de trois pièces. Ce périanthe entoure un gros ovaire

Fig. 192. — Ricin.
Fleur staminée.

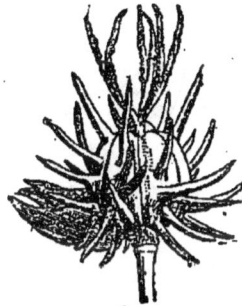

Fig. 193. — Ricin.
Fleur pistillée.

hérissé de pointes et surmonté de trois styles rouges, divisés chacun en deux longues aigrettes. Cet ovaire devient un fruit de la grosseur d'une moyenne noix, partagé en trois coques qui renferment une volumineuse graine chacune. Les semences du Ricin fournissent une huile employée en médecine comme purgatif.

2. L'Euphorbe. — Nos pays possèdent une foule d'espèces d'Euphorbes, répandues abondamment dans les bois, les haies, les champs, les jardins. On les reconnaît aisément toutes à la propriété qu'elles ont de laisser couler de leurs tiges coupées un abondant suc blanc et épais, ayant toutes les apparences du lait. Mais gardons-nous de nous laisser tromper par ces apparences. Déposé sur

la langue, le suc des Euphorbes produit une impression
d'insupportable âcreté, dont on ne se débarrasse qu'après
avoir craché bien longtemps; on croirait avoir mis dans la
bouche un charbon rouge. Il va de soi que pareil lait, dont
une seule goutte fait cuire la langue des heures durant,
serait horrible poison, pris en quantité un peu forte.

Les fleurs des Euphorbes sont très curieuses, quoique

Fig. 194. — L'Euphorbe.

pauvres de coloration. Les unes sont à étamines et les
autres à pistil. Dans une enveloppe commune ou *involucre*, où l'on remarque cinq pièces épaissies en un crois-
sant charnu, tantôt jaune, tantôt noirâtre, se trouvent
plusieurs fleurs sans calice et sans corolle, consistant chacune en une simple étamine. Du centre du petit amas,
s'élève une fleur à pistil, portée sur un pédicule qui dé-
borde l'involucre. L'ovaire est globuleux avec trois styles.

Le fruit est, comme pour le Ricin, une réunion de trois coques, renfermant chacune une seule graine.

3. Euphorbiacées. — C'est ainsi qu'on désigne les familles de plantes à laquelle appartiennent l'Euphorbe et le Ricin. Nous retiendrons comme caractères distinctifs les étamines et les pistils séparés en des fleurs différentes, le fruit à trois coques, dont le contenu est une semence unique. Les Euphorbiacées sont des plantes en général à propriétés énergiques et malfaisantes. L'une d'elles laisse écouler de son .écorce incisée un abondant laitage qui, desséché, n'est autre que le caoutchouc ou gomme élastique.

CHAPITRE XXVI

LE CHÊNE. — LE PIN. — LE SAPIN

1. Le Chêne. — Le plus fréquent des arbres de nos forêts est le *Chêne*, qui pour fruit a le gland. Le robuste végétal n'a que des fleurs de bien pauvre apparence, à tel point qu'on est toujours quelque peu surpris lorsqu'on entend parler pour la première fois des fleurs du Chêne. Pour la plupart d'entre nous, elles ont jusqu'ici échappé à l'attention, tant elles sont petites et dépourvues de tout ce qui pourrait attirer le regard.

Il y en a de deux sortes : des fleurs à étamines et des fleurs à pistil, isolées les unes des autres et portées sur des attaches différentes. Les fleurs à étamines sont disposées en groupes allongés et cylindriques auxquels on donne le nom de *chatons*. Chacune est munie à la base de très petites et fines écailles d'un jaunâtre pâle. C'est là tout ce que le Chêne possède pour représenter les somptueuses enveloppes que nous sommes habitués à trouver dans une fleur. Au centre s'élève un petit bouquet d'étamines, une 'dizaine ou moins.

Les fleurs à pistil ont pareille simplicité. Leur place
n'est pas sur les chatons des fleurs à étamines, mais ailleurs sur d'autres supports. Elles possèdent une enveloppe
formée d'écailles assez dures, étroitement soudées l'une
avec l'autre et se recouvrant à la manière des tuiles d'un
toit. Au milieu de cette enceinte fortifiée s'élève le pistil,
se divisant en trois stigmates cornus.

Le fruit est le *gland*, grosse semence dont la base est
enchâssée dans une élé-
gante petite coupe ou *cupule* formée de robustes
écailles imbriquées. Cette
cupule n'est autre chose
que l'enveloppe écail-
leuse de la fleur, enve-
loppe qui grandit avec
le fruit et ne l'abandonne
qu'à l'époque de la par-
faite maturité. Alors le
gland tombe et la cupule
reste sur son rameau.

Les glands de nos
Chênes sont de saveur
amère; on ne les utilise
que pour l'engraissement
du porc, qui acquiert,
avec cette nourriture,
lard abondant et ferme.

Fig. 195. — Le Chêne.

Mais il existe des espèces de Chêne, en particulier dans
le Levant, le nord de l'Afrique, le Portugal, dont les glands
sont doux et possèdent à peu près la saveur de la châtaigne.
On les mange soit crus, soit grillés.

2. **Amentacées.** — Avez-vous jamais remarqué ces élégants petits cylindres écailleux qui, sur la fin de l'hiver,
pendent des rameaux du Noisetier, encore dépourvu de
feuilles? Ce sont encore des *chatons*, ou des épis ne
renfermant que des fleurs à étamines. Pendant la durée
des froids, leurs écailles sont étroitement serrées l'une

contre l'autre et ne laissent rien voir de ce qu'elles recouvrent; puis, aux premiers beaux jours, lorsque la Violette
commence à peine à se montrer parmi les feuilles mortes
des haies, ces écailles s'écartent et laissent s'épanouir un
bouquet d'étamines d'où s'épanche, en fine fumée, une

 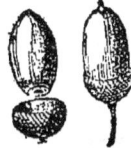

Fig. 196.
Chêne.
Fleur pistillée.

Fig. 197.
Chêne.
Fleur staminée.

Fig. 198.
Gland du Chêne
et sa capule.

poussière jaune. Une fois le pollen disséminé sur les fleurs
à pistil du voisinage, les chatons se fanent et tombent à
terre.

Le nom latin du chaton est *amentum*. De cette expression, la botanique a fait le terme d'*Amentacées* pour dési-

Fig. 199. — Chatons
du Noisetier.

Fig. 200. — Le Châtaignier.

guer la famille des végétaux qui possèdent des épis de
fleurs à étamines. Les fleurs à pistil, toujours séparées des
premières, ont des formes si variées, qu'on ne peut rien
dire de général à leur sujet.

Les arbres résineux exceptés, c'est aux Amentacées

qu'appartiennent la plupart de nos grands arbres, tels que
le Châtaignier, le Chêne, le Peuplier, le Saule, l'Aulne,
le Bouleau, le Hêtre, le Noyer. Dans tous se retrouvent
des épis de fleurs à étamines, des chatons semblables à
ceux du Chêne et du Noisetier.

3. **Les Conifères.** — Le fruit du Pin s'appelle *cône*. Il
est composé de fortes écailles disposées en recouvrement.

Fig. 201.
Cône de Sapin.

Fig. 202.
Cône de Pin.

Fig. 203.
Pin. Chaton
de fleurs
à étamines.

Sous chaque écaille sont abritées deux graines, entourées
d'une membrane, sorte d'aile qui leur permet d'être emportées au loin par le vent pour germer en des points
encore inoccupés. Chacune des écailles du cône, avec ses
deux semences, forme au début une fleur à pistil. L'élégante et délicate corolle des fleurs habituelles est donc ici
remplacée par une grossière écaille semblable à un éclat
de bois.

Les étamines sont séparées dans d'autres fleurs moins grossières, cependant très simples et groupées en chatons, qui rappellent ceux des Amentacées, mais sont dressés à l'extrémité des rameaux et non pendants.

Le fruit, le cône, donne son nom à la famille des Conifères, ou *porte-cônes*. Dans cette famille se trouvent le Pin, le Sapin, le Cyprès, le Genévrier. Le fruit des Conifères n'a pas toujours la forme conique : il est globuleux dans le Cyprès, mais toujours composé de robustes

Fig. 204. — Le Cyprès.

Fig. 205. — Cône du Cyprès.

écailles groupées à côté l'une de l'autre ; dans le Genévrier, il est globuleux et charnu, avec des rugosités, de fines arêtes, vestiges des écailles soudées entre elles.

Le bois des Conifères est toujours imprégné de résine. Les feuilles sont souvent menues, allongées en aiguilles, et se conservent sur l'arbre pendant l'hiver. Aussi appelle-t-on les Conifères *arbres toujours verts*, pour signifier qu'ils ne perdent jamais leur feuillage. Ces arbres conserveraient-ils réellement toujours les mêmes feuilles ? Non : les feuilles des Conifères tombent peu à peu comme celles de tous les autres arbres; seulement, à mesure qu'elles vieillissent et meurent, d'autres plus jeunes les remplacent, de manière que l'arbre est également feuillé en toute saison.

4. Le Pin et le Sapin. — Ces deux Conifères sont des arbres forestiers d'une grande importance. Tous les deux habitent les montagnes, mais à des élévations différentes : le Pin occupe les pentes inférieures, le Sapin prospère dans les régions élevées, au voisinage des neiges. Comment les distinguer l'un de l'autre? C'est très simple. Les feuilles du Pin viennent deux par deux, avec la base enveloppée d'une gaine commune ou sorte d'étui roussâtre; les feuilles du Sapin sont isolées. D'autre part, le Sapin, fait pour résister à la violence des vents des hautes régions, a la forme pyramidale. Ses branches s'étalent horizontalement en diminuant de longueur à mesure qu'elles se rapprochent de la cime. Son tronc est d'une superbe régularité et s'élève jusqu'à une quarantaine de mètres. Il fournit des matériaux précieux pour la marine, la charpente, la menuiserie.

Fig. 206.
Feuilles
de Pin.

DEUXIÈME PARTIE

MONOCOTYLÉDONES

—

CHAPITRE PREMIER

LE LIS. — LA TULIPE. — LA JACINTHE

1. Différences entre les végétaux à deux cotylédons et les végétaux à un seul cotylédon. — En étudiant la graine de l'Amandier, nous avons reconnu dans le germe deux grosses feuilles, les premières de toutes, qui, gonflées de nourriture, ont pour rôle d'alimenter la jeune plante en ses débuts. Ces feuilles nourricières, nous les avons appelées cotylédons. Eh bien! tous les végétaux que nous venons de passer en revue ont deux cotylédons à leurs semences, tantôt plus, tantôt moins volumineux suivant l'espèce. Ils font partie de la grande division des *Dicotylédones*, c'est-à-dire des végétaux à deux cotylédons.

Nous allons maintenant nous occuper d'une autre grande division, de valeur équivalente : celle des *Monocotylédones* ou végétaux dont la semence n'est douée que d'un seul cotylédon.

Il ne serait pas toujours aisé, surtout quand les graines sont très petites, de constater si le germe est pourvu de deux feuilles nourricières ou d'une seule; mais faisons germer ces graines et la difficulté d'observation disparaîtra. Nous verrons les semences à deux cotylédons lever avec deux feuilles, placées en face l'une de l'autre et très souvent différant de forme avec celles qui suivent. Dans le Radis, par exemple, elles sont en forme de cœur. Ces deux

feuilles, qui devancent toutes les autres dans leur apparition et prennent le nom de *feuilles séminales*, ne sont
autre chose que les deux cotylédons, qui s'étalent et ver-
dissent tout en nourrissant la petite plante d'une partie de
leur substance. Au contraire, les graines à un seul cotylédon lèvent avec une seule feuille séminale, généralement
de forme étroite et allongée. C'est ce que l'on peut observer en faisant germer du Blé maintenu humide dans une
soucoupe.

Ces différences des deux genres de graines sont accom-

Fig. 207.
Plante dicotylédone en germination.
Le Haricot.

Fig. 208.
Plante monocotylédone en germination.
Le Maïs.

pagnées de différences profondes dans le reste de la plante,
notamment dans le feuillage et les fleurs. Nous avons vu
que de fins cordons tenaces ou *nervures* sont distribués
dans l'épaisseur de la feuille pour la consolider. Or si l'on
compare les feuilles du Poirier, par exemple, avec celles
de l'Iris, on reconnaît que dans les premières, les nervures se subdivisent, se ramifient, se rejoignent entre elles
et forment ainsi un réseau à mailles très serrées ; tandis
que dans les secondes, les nervures ne se ramifient point
et restent à la même distance les unes des autres sans former des mailles. Nous trouverons la même différence de
charpente entre les feuilles de l'Orme, du Peuplier, du
Platane, du Chou, du Pois, et celles du Lis, de la Tulipe,
du Narcisse.

Lorsque par la pourriture, les parties de moindre consistance ont disparu, les nervures, plus résistantes à la décomposition, persistent et figurent une élégante dentelle dans les végétaux de la première catégorie, un faisceau de filaments parallèles dans ceux de la seconde. Il suffit donc, quelques rares exceptions mises à part, d'examiner la feuille pour savoir à laquelle des deux divisions le végétal appartient. Les nervures sont-elles en réseau, le végétal est dicotylédone; les nervures sont-elles parallèles, le végétal est monocotylédone. La structure seule de la feuille nous renseigne sur la structure de la semence.

La fleur, dans les deux catégories de végétaux, ne diffère pas moins. Lorsque la graine a deux cotylédons, la fleur, dans l'immense majorité des cas, est pourvue de deux enveloppes, un calice et une corolle; en second lieu, son architecture est fondée sur le nombre cinq, c'est-à-dire que les pièces des divers verticilles se comptent par cinq le plus souvent. Dans ce qui précède, nous en avons vu de nombreux exemples.

Mais lorsque la semence ne possède qu'un seul cotylédon, le calice manque; et alors, les enveloppes florales, toutes de même nature, se réduisent à une corolle, que l'on appellerait mieux du nom de *périanthe*, pour les motifs développés en parlant de la fleur du Sarrasin. Enfin l'architecture de la fleur est basée sur le nombre trois; les pièces des divers verticilles s'y comptent par trois.

En somme, les plantes que nous allons maintenant examiner présentent certains caractères généraux, dont les plus saillants sont : semence à un seul cotylédon et par conséquent une seule feuille séminale lorsque la graine germe; feuilles à nervures parallèles, ne formant pas réseau; fleurs sans calice, avec les pièces de leurs divers verticilles se comptant par trois.

2. **Le Lis.** — Revenons sur la fleur du *Lis*, déjà sommairement décrite, pour y constater les caractères généraux des Monocotylédones. Elle n'a pas de calice, mais

10

seulement une corolle, composée de six pièces, toutes pareilles pour la forme ainsi que pour la coloration, d'un blanc d'ivoire. Trois de ces pièces sont un peu en dehors des autres, elles forment la face extérieure du Lis à l'état de bouton. Les six pièces se divisent donc en deux rangées ou verticilles, et chacun de ces verticilles comprend trois pétales.

Les étamines, pareillement, sont au nombre de six; mais un peu d'attention y reconnaît deux rangées chacune

Fig. 209. — La Jacinthe.

Fig. 210. — La Tulipe

de trois. Enfin l'ovaire est à trois loges et le pistil se termine par un triple stigmate.

Voilà donc bien, pour toute la fleur, le nombre trois, tantôt simple, tantôt redoublé.

Les feuilles sont d'accord pour la structure avec pareil agencement de la fleur, elles ont leurs nervures disposées en filaments parallèles. Enfin, si nous avions la patience de faire germer une graine de Lis, nous la verrions lever avec une seule feuille séminale, preuve de la présence d'un seul cotylédon.

3. **La Tulipe, la Jacinthe.** — Ce que vient de nous

montrer le Lis, bien d'autres plantes, telles que la Tulipe et la Jacinthe, ornements de nos jardins, nous le montreraient pareillement. Ainsi la fleur de la Tulipe, si élégante de forme, si riche de coloris, et la fleur de la Jacinthe, beaucoup plus petite, mais amassée en grappes fournies, sont exactement construites sur le modèle de la fleur du Lis. La seule différence à constater c'est que, dans la Jacinthe, les six pétales sont soudés à la base.

4. **Bulbes**. — Le Lis, la Tulipe, la Jacinthe et autres plantes voisines se multiplient non seulement par graines, ce qui est très lent, mais aussi par bulbes, ce qui est reproduction rapide. Qu'est-ce qu'un bulbe? nous allons l'apprendre.

Fendons en deux, du sommet à la base, un vulgaire oignon, emprunté au domaine de la cuisine. Nous le trouverons formé d'une suite d'écailles charnues, étroitement emboîtées l'une dans l'autre et portées sur une tige très courte, espèce de plateau.

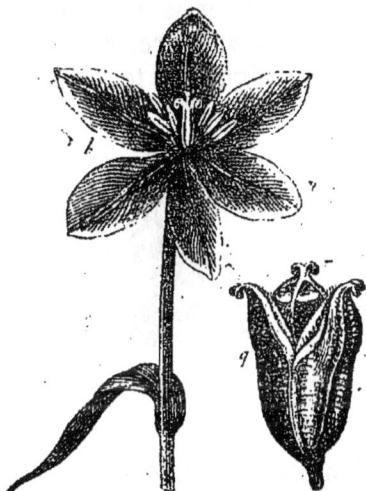

Fig. 211. — Tulipe. Fleur étalée et fruit.

Au centre de ces écailles succulentes, feuilles transformées en réservoir alimentaire, d'autres feuilles apparaissent avec la forme et la couleur verte habituelles. Un oignon est donc un bourgeon approvisionné pour une vie indépendante, au moyen de ses feuilles extérieures converties en écailles charnues.

Nous avons tous observé que l'oignon appendu au mur pour les besoins de la cuisine, s'éveille, pendant l'hiver, à la chaleur de l'appartement, et du sein de ses enveloppes rousses jette une belle pousse verte, qui semble protester contre les rigueurs de la saison, et nous rappelle les douces joies

du printemps. A mesure qu'il grandit, ses écailles charnues
se rident, se ramollissent, deviennent flasques, et tombent
enfin en pourriture pour leur servir d'engrais. Tôt ou tard
cependant, les provisions étant épuisées, la pousse dépérit,
à moins d'être mise en terre. Nous avons là un exemple
frappant d'un bourgeon qui se développe seul à la faveur
de ses provisions.

Or, on nomme *bulbe* ou bien *oignon* les bourgeons ainsi
approvisionnés d'écailles charnues qui leur permettent de
se développer seuls en leur fournissant de la nourriture.
L'oignon vulgaire, celui de la cuisine, a fourni son nom
pour désigner de tels bourgeons, quelle que soit la plante

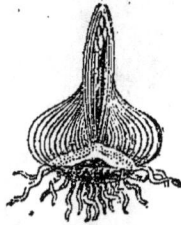

Fig. 212.
Bulbe de la Jacinthe.

Fig. 213.
Bulbe du Lis.

d'où ils proviennent. Tantôt les bulbes sont *tuniqués*, c'est-
à-dire que leurs feuilles charnues enveloppent le cœur du
bourgeon comme autant de tuniques : tel est le cas de la
Jacinthe et de l'Oignon vulgaire. Tantôt encore, les feuilles-
écailles, trop étroites pour faire le tour entier du bulbe,
se recouvrent seulement en partie l'une l'autre à la façon
des tuiles d'un toit. Le bulbe est dit alors écailleux : tel
est le bulbe du Lis.

Beaucoup de plantes à bulbe, ou, comme on dit encore,
à oignon, donnent de magnifiques fleurs, souvent d'une
culture on ne peut plus facile. De ce nombre est la Jacinthe. Voici un oignon de Jacinthe ouvert. On y reconnaît les parties constituantes d'un bulbe : une courte tige
ou *plateau*, émettant d'un côté des racines, de l'autre des
écailles charnues engainées l'une dans l'autre. Du cœur

des écailles montent déjà des feuilles ordinaires, avec une grappe de fleurs en bouton.

On applique aux oignons de Jacinthe la culture ordinaire, c'est-à-dire qu'on les met en terre; et alors ils fleurissent au printemps. Mais on peut aussi les cultiver sur la cheminée et les faire fleurir en hiver. On met un de ces oignons sur le goulot d'une carafe pleine d'eau, ou bien dans un petit vase rempli de mousse qu'on a soin de maintenir humide. Sans plus, le bulbe végète, excité par la chaleur de l'appartement. Il émet de fines racines blanches, qui plongent dans l'eau de la carafe ou dans la mousse humide; il déploie ses feuilles et enfin épanouit sa belle grappe de fleurs.

Or, n'allons pas croire qu'un peu d'eau claire ait, à elle seule, réalisé cette petite merveille d'une plante délicate en floraison au milieu de l'hiver. Le bulbe porte avec lui sa nourriture; stimulé par la chaleur de l'appartement, il a fleuri avant l'heure, nourri de sa propre substance.

5. **Liliacées.** — Le Lis donne son nom à la famille des *Liliacées*, plantes fréquemment à oignon, et fréquemment aussi à splendides fleurs ornementales. Dans cette famille prennent place le Lis, la Tulipe, la Jacinthe. Nous lui devons aussi quelques végétaux alimentaires, tels que l'Oignon et l'Ail, dont on utilise les bulbes.

CHAPITRE II

LE NARCISSE. — L'AMARYLLIS

1. **Le Narcisse.** — Les prairies ont le *Narcisse*, joie des enfants quand vient le mois d'avril. D'un oignon gros comme une moyenne poire s'élèvent des feuilles étroites et allongées, puis une tige sans ramification, une

hampe, que termine une fleur comme la campagne n'en possède pas de plus belles. Cette fleur est contenue d'abord dans une espèce de sac formé d'une membrane blanchâtre, qui s'ouvre irrégulièrement, se déchire au moment de la floraison. Ce sac protecteur porte le nom de *spathe*.

Épanouie, la fleur étale six grands pétales d'un blanc de lait, qui se soudent inférieurement et forment un long tube verdâtre. A l'entrée de ce tube, à la gorge comme on dit, s'élève une petite couronne ronde, jaune à la base et rouge sur les bords, couronne qui provient d'un repli des pétales, ainsi que nous l'ont déjà montré la Pervenche et le Laurier-rose.

Fendons la corolle en deux, pour en ouvrir le tube. Nous y trouverons six étamines, fixées sur la paroi de ce tube; trois sont plus longues et trois plus courtes, attestant ainsi deux verticilles, chacun de trois, suivant la règle générale des Monocotylédones. Enfin l'ovaire, à trois loges, est surmonté d'un long style.

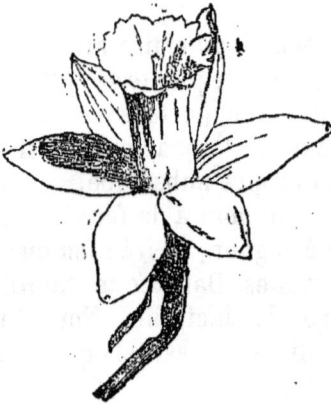

Fig. 214. — Le faux Narcisse.

Tout au fond du tube suinte une liqueur sucrée. C'est là le nectar que savent puiser les papillons en plongeant leur longue trompe dans l'étroit canal. Peut-être parmi nous s'en trouve-t-il aussi qui savent le puiser en ouvrant la fleur pour appliquer au fond le bout de la langue. Celui qui écrit ces lignes garde doux souvenir de l'heureux temps où l'on courait les prairies pour cueillir des brassées de Narcisses, s'asseoir après à l'ombre et patiemment ouvrir une à une les fleurs dont on convoitait le nectar. Forts de l'expérience, nous apprendrons donc à ceux qui l'ignorent que l'abus de cette douceur donne mal de tête.

Le Narcisse que nous venons de décrire s'appelle le

Narcisse des poètes. Les vieilles fables de la mythologie racontent qu'un jeune homme arrêté près d'une fontaine, au fond des bois, vit son image dans les eaux limpides, et la trouva si belle, qu'il ne put s'en séparer. Il périt là, consumé par la contemplation de soi-même. De ce beau sot, les dieux firent le Narcisse.

Les prairies des montagnes ont un autre Narcisse dont la fleur est en entier d'un beau jaune. La couronne, qui dans le Narcisse des poètes est formée d'un étroit liséré,

Fig. 215. — L'Amaryllis.

prend ici un développement extraordinaire et devient une urne, un vase, une cloche égalant les pétales pour la longueur, de façon que la fleur semble posséder deux corolles, de formes différentes, superposées l'une à l'autre. Le reste de la structure est d'ailleurs la même. On donne à cette plante le nom de *faux Narcisse*.

Les deux, se multipliant à l'excès, sont dans les prairies de mauvais herbages, dont les bestiaux ne veulent pas. Ils occupent inutilement de la place, qui serait mieux

garnie avec du věritable foin. Mais leur beauté les fait
admettre dans les jardins comme plantes ornementales.

2. **L'Amaryllis.** — Ce joli nom suppose une belle fleur.
La dénomination ne trompe pas, en effet. Les *Amaryllis,*
par l'élégance et l'ampleur de leurs corolles, sont un des
plus beaux ornements de nos plates-bandes et de nos serres.
Ces plantes sont toutes d'origine étrangère et demandent
nos soins pour prospérer. A beaucoup d'entre elles il faut
même l'abri d'un vitrage. Il serait donc inutile de les chercher dans la campagne.

La plus rustique et la plus commune est l'*Amaryllis*

Fig. 216. — Amaryllis.
Fleur.

Fig. 217. — Amaryllis.
Étamines et pistil.

jaune, qui fleurit en automne. Une autre, l'*Amaryllis de
Saint-Jacques,* a six grands pétales d'un rouge velouté,
avec des reflets d'or quand le soleil les frappe. Pour toutes
la structure générale de la fleur est celle du Narcisse,
moins la couronne, ici absente.

3. **Amaryllidées.** — Ainsi s'appelle la famille de plantes à laquelle appartiennent l'Amaryllis et le Narcisse.
Nous y trouvons une corolle à six pétales, six étamines,
un ovaire à trois loges, et de plus un bulbe, un oignon,
exactement comme dans le Lis, la Jacinthe, la Tulipe. En
quoi donc les Amaryllidées diffèrent-elles des Liliacées?

Voici la différence. Pour voir l'ovaire du Lis et autres

Liliacées, il faut écarter les pétales et regarder à l'intérieur, au centre de la fleur. Pour le Narcisse et l'Amaryllis, au contraire, il faut regarder à l'extérieur. Prenons une fleur de Narcisse. Que voyons-nous au dehors, tout à la base du tube résultant de la soudure des pétales? Nous voyons un renflement, particulier. Eh bien! ce renflement c'est l'ovaire. Au-dessus viennent les pétales.

Encore un exemple. Considérons le Perce-neige, que voici figuré. La charmante fleur s'épanouit dès le mois de février, aussi, pour venir à la lumière, perce-t-elle parfois la couche de neige recouvrant encore le sol. Nous y comptons six pétales, trois extérieurs, du double plus grands et blancs, trois intérieurs, rayés de vert. Viennent après six étamines et un ovaire à trois loges. Enfin la hampe fleurie

Fig. 219. — Le Perce-neige.

s'élève du sein d'un oignon, au milieu de quelques feuilles étroites. Est-ce une Liliacée? Non, c'est une Amaryllidée, car voici, tout à la base de la fleur, à la naissance de la corolle, le renflement vert qui est l'ovaire.

Ainsi dans les Amaryllidées l'ovaire se voit à l'extérieur, il est au-dessous de la corolle; dans les Liliacées, au contraire, l'ovaire se voit à l'intérieur, placé qu'il est au-dessus de la corolle. Telle est la différence la plus saillante entre les deux familles.

CHAPITRE III

L'IRIS

1. Rhizomes de l'Iris. — De nombreuses plantes, appartenant surtout aux Monocotylédones, possèdent des tiges qui rampent sous terre et ont le grossier aspect des racines, avec lesquelles il serait facile de les confondre en se laissant guider par les seules apparences. On donne à ces tiges rampantes souterraines le nom de *rhizomes*.

Les rhizomes se distinguent des racines par des caractères d'une parfaite netteté. Jamais en aucun de ses points, une racine ne porte de feuilles abritant un bourgeon à leur aisselle; elle ne porte pas davantage des écailles, si réduites qu'elles soient, parce que ces écailles ne sont autre chose que des feuilles incomplètement développées. Mais le rhizome, en réalité véritable tige, malgré son aspect de racine, se couvre des productions de la tige. Il porte des feuilles, ou tout au moins des écailles, ayant un bourgeon à leur aisselle. Quelles que soient les apparences, nous reconnaîtrons donc une tige, un rhizome, partout où se montreront des feuilles, des écailles, des bourgeons.

De ces bourgeons, les uns se développent en ramifications qui restent sous terre et accroissent le rhizome; les autres donnent des pousses qui viennent à l'air libre épanouir leur feuillage et leurs fleurs. L'hiver venu, les rameaux aériens périssent, mais la tige persiste sous terre à l'abri de la gelée. La plante fait ainsi deux parts de son être : l'une séjournant dans le sol pour y conserver un foyer de vie, l'autre apparaissant au dehors en temps opportun pour fleurir, fructifier et périr tous les ans.

Cette tige à vie souterraine ne dispense pas la plante d'avoir des racines, toutes aptes à puiser la nourriture dans la fraîcheur du sol. C'est de la face inférieure du rhizome qu'elles naissent.

Un bel exemple de rhizome nous est donné par l'Iris, superbe plante, à grandes fleurs, employée dans les parterres pour décorer le bord des allées, les monticules de rocailles. La partie souterraine est un amas de grosses ramifications, charnues et noueuses. Voilà le rhizome. A sa face supérieure se distinguent des sillons irréguliers, disposés en travers. Ce sont les empreintes laissées par les an-

Fig. 220. — L'Iris, Rhizome et feuilles.   1   L'Iris
                                                        Fleur.

ciennes feuilles aujourd'hui disparues. De la face inférieure partent, plus ou moins nombreux, des filaments, des cordons qui sont les racines, les vraies racines. Enfin, l'extrémité du rhizome produit un faisceau de feuilles, larges et longues, semblables à des lames d'épée et emboîtées l'une dans l'autre à la base. De ce faisceau de feuilles doit s'élever au printemps la tige, chargée de grandes fleurs bleues. A l'état sec, les rhizomes d'une espèce d'Iris, l'*Iris de Florence*, possèdent une douce odeur de violette, ce qui les fait employer en parfumerie.

2. Fleur de l'Iris. — La fleur de l'Iris de Florence est blanche; celle de l'*Iris germanique*, beaucoup plus répandu, est bleue. Dans toutes se montre d'abord l'ovaire, renflement verdâtre situé au bas de la fleur comme dans les Amaryllidées. La corolle ou périanthe comprend six pièces, trois extérieures, étalées en dehors et courbées en arc, trois intérieures, relevées et se rassemblant dans le haut en une sorte de dôme. Dans l'Iris vulgaire, l'Iris germanique, ces dernières pièces sont d'un bleu violet uniforme; les autres, les trois recourbées en dehors, ont

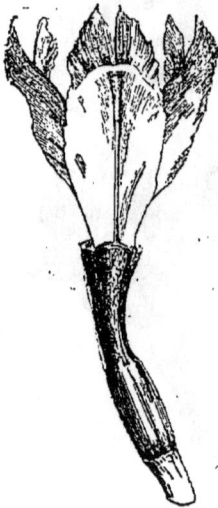

Fig. 222. — Iris. Étamines et pistil.

Fig. 223. — Iris.
Fleur coupée longitudinalement.

au milieu une large bande hérissée de poils courts et semblable à un grossier velours jaune. Au centre de la fleur sont trois larges lames violettes ayant toute l'apparence de pétales; mais l'apparence est ici trompeuse, car ces lames sont en réalité les styles du pistil. Chacune d'elles se courbe en une voûte et vient s'appliquer contre un pétale à bande safranée, de manière que les deux pièces forment, par leur ensemble, une chambre close.

Dans chaque chambre est placée une étamine, dont l'anthère s'applique étroitement contre la voûte, et dont les deux loges, par une exception peu commune, mais ici nécessaire, s'ouvrent par la face extérieure, au lieu de s'ouvrir, suivant la règle générale, par la face intérieure. Enfin, à l'entrée même de la chambre, la lame du style, semblable à un pétale, se double d'un étroit rebord membraneux; ce rebord, c'est le stigmate, c'est le point où le pollen doit parvenir.

Complétons par la vue de la fleur même ce que la parole est impuissante à rendre, et nous verrons que, sans le secours d'un aide, il est impossible au pollen d'arriver au stigmate. L'anthère est située au fond de la chambre, et à l'abri des agitations de l'air; le stigmate est placé au dehors, à l'entrée. Si le pollen tombe, sa chute se fait sur le plancher de la cavité et non sur le rebord du stigmate, situé à l'intérieur.

3. L'insecte, auxiliaire de la fleur. — Qu'un insecte survienne, et la difficulté disparaît pour faire place à d'admirables combinaisons. La bande de velours jaune est la voie qui mène à l'entrée de la chambre. Attirés sans doute par l'éclat de la couleur, qui tranche si vivement sur le fond d'un violet sombre, c'est là que se posent inva-

Fig. 224. — Iris. Fruit.

riablement bourdons, mouches et abeilles à la recherche du nectar; aucun ne se méprend sur la route à suivre dans la fleur qui, par ses étamines cachées et ses styles en forme de pétales, trompe notre propre regard.

L'insecte soulève la lame du style, et de son dos velu brosse la voûte où est appliquée l'anthère, dont les loges s'ouvrent par la face externe; il s'avance jusqu'au fond de l'étroite galerie, boit le nectar et sort poudré de pollen.

Suivons-le sur une autre fleur. Maintenant le rebord de l'entrée, le stigmate enfin, agit comme un râteau sur le dos de l'insecte pénétrant dans la chambre, et cueille du pollen sur sa toison. C'est ainsi que l'insecte devient l'auxiliaire de la fleur et porte sur le stigmate la poussière de

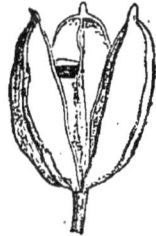

pollen, indispensable pour la formation d'un fruit à semences fertiles.

4. **Iridées**. — La famille des *Iridées*, dont l'Iris fait partie, a sa corolle placée au-dessus de l'ovaire, ce qui la rapproche des Amaryllidées ; mais les étamines sont seulement au nombre de trois, et de plus, elles s'ouvrent par la face extérieure.

CHAPITRE IV

L'ORCHIS, L'OPHRYS.

1. **L'Orchis**. — Nos prairies et nos bois sont riches en *Orchis*, plantes herbacées, de médiocre élévation, mais remarquables entre toutes par la structure bizarre de leurs fleurs. La corolle a six pétales, trois extérieurs et trois intérieurs. Les deux rangées diffèrent plus ou moins, suivant l'espèce, de forme et de coloration. En outre, le

Fig. 225. — Orchis. Fleur.

pétale moyen de la rangée intérieure est le plus grand des six, le plus chargé de couleur ; c'est la partie de la fleur qui frappe le plus le regard. On le nomme *tablier* ou *labelle*. Sa forme varie beaucoup d'une espèce d'Orchis à l'autre, et affecte souvent de vagues ressemblances qui ont valu à la plante des noms bien singuliers.

On en voit qui s'étalent en larges pièces, ornées de mouchetures vives, et retombent devant la fleur à la façon d'un somptueux tablier ; on en trouve ayant la forme d'une étroite et longue lanière roulée sur elle-même en papillotte. D'autres se partagent en deux divisions écartées où, l'imagination aidant, on peut voir les deux jambes d'une personne. Deux autres divisions, mais latérales et placées dans le haut, ajoutent à l'illusion en figurant les bras. Les cinq autres pétales concourent à compléter l'image. Ils se rassemblent dans le haut de la fleur, se rapprochent l'un de l'autre et se recourbent en une sorte de casque ou tête. C'est ce que nous montre l'*Orchis homme pendu.*

Un autre, l'*Orchis singe,* repro- duit semblable structure avec des variations de détail. Pour voir dans ces bizarres fleurs l'image d'un singe ou d'un homme pendu, il faut, empressons-nous de le dire, un peu de bonne volonté. La main la plus novice qui sur la première page de son livre trace un bonhomme avec cette inscrip- tion menaçante : *Aspice Pierrot pendu,* fait œuvre d'art en com- paraison des effigies de l'Orchis.

Enfin, pour ajouter à son étrange structure, ce pétale ex- ceptionnel, ce tablier, se prolonge en bas en un sac étroit, plus long ou plus court, obtus au bout ou bien pointu, et appelé *éperon.* Au fond de ce sac suinte le nectar.

Des trois étamines, une seule se développe, mais soudée avec le pistil. Elle fournit deux petites masses de pollen, d'abord plongées dans deux niches d'une sorte de colonne centrale, se terminant par une petite surface visqueuse, qui est le stigmate. Cette colonne centrale repré-

Fig. 226. — Orchis homme pendu.

sente à la fois le filet de l'étamine et le style du pistil.

L'ovaire est à trois loges. Il est situé au-dessous de la fleur et forme un long renflement vert qui se tord sur lui- même en spirale. Le fruit mûr se sépare en trois bande lettes ou valves, qui, restant unies, au sommet et à la base, figurent une sorte de longue cage à trois ouvertures. Le contenu est une multitude innombrable de semences excessivement fines.

2. **L'Ophrys.** — Très voisin de l'Orchis, l'Ophrys s'en distingue par son tablier non muni d'éperon et de consistance un peu charnue. Ce tablier d'ailleurs est un peu bombé, parfois bossu, d'aspect velouté, de coloration rembrunie. Dans l'*Ophrys araignée*, il rappelle le gros ventre d'une araignée; dans l'*Ophrys abeille*, il simule le ventre velu d'un bourdon ou d'une abeille, tandis que les deux autres pétales de la même rangée s'étalent à droite et à gauche et figurent les ailes. La colonne centrale, réunion de l'étamine unique et du pistil, n'est pas moins remarquable. Elle se renfle à l'extrémité en un globule que termine en avant une pointe aiguë. Une petite tache jaune apparaît de chaque côté, produite par la masse de pollen logée dans sa niche. C'est l'image assez exacte d'un petit oiseau qui aurait choisi la fleur de l'Ophrys pour nid. Le renflement globuleux figure la tête; la pointe aiguë, c'est le bec; les deux taches latérales jaunes, ce sont les deux yeux. Ce sont de bien curieuses fleurs, avouons-le, que celles des Orchis et des Ophrys: on y voit un peu de tout ce que l'on veut.

Fig. 227. — Ophrys abeille.

3. **Tubercules.** — La partie souterraine de la plante nous ménage d'autres surprises. Arraché au moment de la floraison, un pied d'Orchis ou d'Ophrys présente à la base de sa tige, pêle-mêle avec les racines, deux tubercules ovalaires, de la grosseur d'une noix à peu près. L'un est ferme, rebondi; l'autre est ridé, flasque, et cède plus

ou moins sous la pression des doigts. Entre les deux, il
n'est pas rare de rencontrer des peaux arides, dont la mieux
conservée figure un petit sac vide et tout chiffonné; on peut
l'insuffler par son orifice et lui faire prendre ainsi la forme
et la grosseur des deux tubercules.

Les trois âges sont là représentés: le passé, le présent,
le futur. Le petit sac chiffonné, si le temps et l'humidité
ne l'ont pas détruit, représente le passé. L'année dernière,
c'était un tubercule gonflé de vivres, il s'est vidé et réduit
à une mince peau, pour nourrir sa tige et léguer sa substance au tubercule actuel.

Le présent est représenté par le tubercule flétri, dont la
chair se ramollit, se fluidifie lentement et se transvase
dans les parties de la plante de formation nouvelle. C'est
aux dépens de sa substance que s'est nourrie la jeune
pousse avant qu'elle eût des racines, c'est aux
dépens de sa substance que se forme et se
gonfle le tubercule nouveau.

Ce dernier, frais, consistant, plein de
vigueur, représente l'avenir: il porte en germe
la plante de l'année prochaine. La saison finie,
l'Orchis va périr; sa tige se desséchera ainsi
que les racines; le tubercule qui l'a nourrie

Fig. 228.
Orchis.
Tubercules.

ne sera plus qu'une dépouille sans valeur; mais le second
tubercule, survivant seul à la ruine de la plante, persistera
sous terre et attendra le soleil printanier pour développer
son unique bourgeon en un pied d'Orchis semblable au
premier.

C'est ainsi qu'au moyen de son double magasin de vivres,
de son double tubercule, dont l'un se vide tandis que
l'autre s'emplit, l'Orchis transmet, d'une année à l'autre,
un bourgeon approvisionné et se perpétue indéfiniment à
la même place, si rien ne vient le troubler.

Les graines, de leur côté, prennent part à la multiplication. Emportées par le vent, comme une fine poussière,
elles disséminent l'espèce à distance, tandis que le tubercule maintient la plante au même point.

4. Orchidées. — En l'honneur de l'Orchis, nous donne-

11.

rons le nom d'*Orchidées* à la famille des curieuses plantes
que nous venons de décrire.

CHAPITRE V

LE BLÉ, LE SEIGLE, L'ORGE, L'AVOINE, LE MAÏS, LE RIZ

1. Le Blé. — Les fleurs superbes des Amaryllis, les
fleurs bizarres des Orchidées, n'ont d'autre mérite pour
nous que la satisfaction du regard. Au contraire, les fleurettes du *Froment* ou du Blé, si modestes qu'elles sont
inconnus de la plupart, sont pour nous le don le plus précieux du règne végétal, car elles produisent le grain qui
devient la farine et finalement le pain. Accordons toute

Fig. 229. — Froment.
Épillet.

Fig. 230.—Froment.
Portion de l'axe de
l'épi.

notre attention à ces petites fleurs qui nous préparent la
première des nourritures.

Au sommet de la tige est l'épi, amas allongé de fleurs.
Il se subdivise en nombreux petits groupes, reçus un à un
dans une échancrure de l'extrémité de la tige, extrémité
qui se coude en zigzag; en outre, un rebord saillant leur
sert de point d'attache. Chacun de ces petits groupes forme
un *épillet*. Deux *glumes* ou écailles coriaces, excavées en

nacelle, enveloppent la base de l'épillet, et servent d'enveloppe protectrice commune à l'ensemble des fleurs contenues dans le groupe. Ces fleurs sont ordinairement au nombre de quatre pour chaque épillet. Leur périanthe, sorte de modeste corolle qui remplace ici les somptueux pétales du Lis, du Narcisse, de l'Amaryllis et autres, se réduit à deux pièces, à deux écailles arides, l'une inférieure,

Fig. 231. — Froment.   Fig. 232. — Seigle.

concave, plus robuste; l'autre supérieure, presque plane et à demi emboîtée dans la première. On les nomme *glumelles*, diminutif du terme *glumes*, qui sert à désigner les écailles de l'enveloppe commune. Fréquemment, mais non toujours, la glumelle inférieure, la plus grande et la plus robuste des deux, se prolonge dans le haut en une longue arête. Dans ce cas, l'épi est dit *barbu;* il porte blonde chevelure de cils raides; si ces arêtes manquent, l'épi est dit *sans barbe.*

A la floraison, les deux glumelles se désemboîtent, s'écartent pour laisser leur contenu librement s'épanouir. Ce contenu consiste d'abord en deux autres écailles, déli-

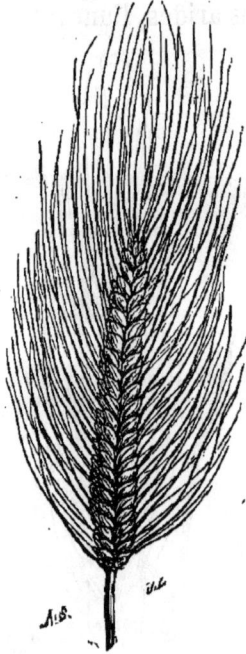

Fig. 233. — L'Orge.

Fig. 234. — L'Avoine.

cates, très petites, à peine visibles, appelées *glumellules.* C'est là le second verticille du périanthe.

Trois étamines sortent de cette fleur si pauvrement vêtue. Leurs filets, assez longs et très flexibles, laissent retomber au dehors les anthères, qui sont longues, avec les deux loges un peu écartées aux extrémités. Au centre est un ovaire ventru, qui deviendra le grain de blé. Deux stigmates le surmontent, élégamment découpés en délicats panaches. Telle est la fleur, la modeste petite fleur qui nous donne le pain.

2. Le Seigle. — C'est la même structure florale que pour le Froment, avec cette différence que les épillets du *Seigle* ne contiennent chacun que deux fleurs au lieu de quatre. La différence est bien plus profonde sous le rapport des qualités nutritives du grain. Du Froment nous vient le pain de qualité supérieure, blanc, savoureux, nourrissant, de digestion facile, auquel nul autre ne peut être comparé. Le Seigle est au second rang. Il donne un pain brun, moins nutritif, à mie fraîche, un peu compacte et visqueuse. C'est néanmoins une plante très précieuse,

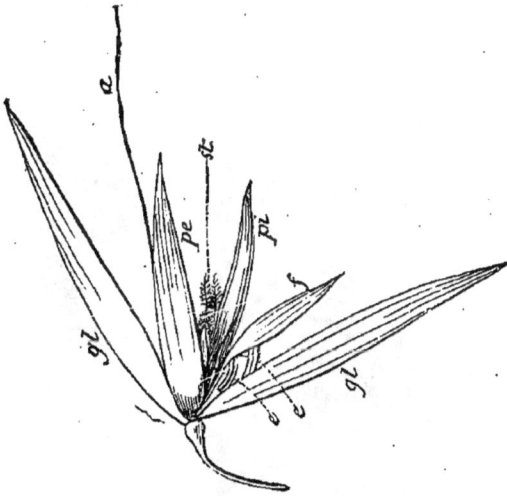

Fig. 235. — Avoine. Fleur.

car elle prospère dans les terres maigres et sous les climats froids où le Froment ne pourrait venir.

3. L'Orge. — L'*Orge* est plus rustique encore, c'est la plante cultivée qui supporte le mieux le froid et s'avance le plus vers le nord. Il se distingue du Froment et du Seigle en ce que chaque dent ou rebord de l'axe de l'épi porte trois épillets et non un seul. Son grain fournit un pain lourd, désagréable au goût et à l'odorat, de digestion pénible si l'estomac n'a pas l'appétit aiguisé par de rudes travaux. Après avoir subi un commencement de germination, ce grain a pour principal emploi la fabrication de la bière.

4. L'Avoine. — Dans l'*Avoine*, les fleurs ne sont plus assemblées en épi ; chaque épillet a son support distinct, son pédicule long et délié. Par de nombreuses ramifications, décroissant de longueur de la base au sommet, l'ensemble forme une ample *panicule*, qui s'agite et tremblotte

Fig. 236. — Le Maïs.

au moindre vent. Chaque épillet a plusieurs fleurs, dont la glumelle inférieure porte sur le dos une longue arête coudée et tortillée. Son grain ne fournit à l'homme qu'un mauvais aliment, un pain noir, visqueux, compact, dont quelques pauvres pays se contentent faute d'autre ; l'Avoine est la nourriture des chevaux et de la volaille.

5. Le Maïs. — Le *Maïs* est l'habituel aliment de l'Amérique méridionale. Beaucoup l'appellent *Blé de Turquie*, nom doublement impropre : car d'abord ce grain n'est pas originaire de la Turquie, mais bien de l'Amérique, et ensuite il n'a rien de commun avec le blé qui donne le pain. De l'Amérique sa culture s'est propagée dans nos pays.

Le Maïs est une robuste plante qui arrive à hauteur d'homme et même au delà. Ses grosses tiges sont pleines d'une moelle juteuse et douce qui pourrait à la rigueur fournir du sucre si la Betterave n'en donnait en plus grande abondance. Aussi les animaux domestiques en sont-ils très friands, et d'autant plus qu'elles sont garnies d'un ample et nourrissant feuillage.

Dans cette plante, les fleurs sont les unes à étamines et les autres à pistil. Les premières forment au sommet des tiges de vastes bouquets ramifiés; les secondes naissent plus bas, à diverses hauteurs, et forment des épis volumineux, enveloppés dans de larges feuilles. De ces épis s'échappe et retombe un épais faisceau de longs filaments blancs. Ce sont là les styles, un pour chaque ovaire. A la maturité, l'épi du Maïs est très gros, et se compose d'une multitude de grains arrondis, d'un jaune luisant, pressés l'un contre l'autre en lignes régulières. Chacun de ces grains est le produit d'une fleur.

Si l'on met sur les cendres chaudes quelques grains de Maïs, on les voit s'ouvrir, s'étaler et se boursoufler en une sorte de petits gâteaux, plus appétissants à la vue qu'au goût, tant leur blancheur est parfaite. Cependant avec la farine du Maïs on ne peut faire du pain. Ce que l'on obtient consiste en galettes d'un jaune qui promet beaucoup à la vue, mais dont le goût ne répond en rien à ces engageantes apparences. C'est un manger grossier, indigeste, qui vous rebute après quelques bouchées, à moins d'avoir un estomac des plus robustes.

Toutefois le Maïs est un aliment très sain, ressource de grande valeur dans la campagne où l'appétit s'aiguise par le grand air et les travaux pénibles. Seulement ce n'est pas sous forme de pain imparfait qu'il faut s'en nourrir. On le réduit en farine, et de cette farine cuite dans l'eau, résulte une bouillie estimée qui porte le nom de *gaudes*.

6. Le Riz. — Le Froment, la seule céréale [1] qui puisse nous donner le pain blanc, ce pain supérieur qui néanmoins n'est pas toujours de notre goût quand il n'est pas frotté d'un peu de beurre, le Froment ne vient pas dans tous les pays. Ouvrons notre atlas et parcourons du doigt les pays qui entourent la mer Méditerranée ; nous aurons touché aux principales régions où le Froment prospère. Plus au nord, il fait trop froid pour que la culture de la précieuse céréale réussisse ; plus au sud, il fait trop chaud.

Ce n'est pas tout. Dans ces régions privilégiées, toutes les terres ne sont pas aptes à donner l'incomparable moisson ; il faut au Froment la douce température et le sol fécond des plaines, et non l'âpre climat et les pentes arides des montagnes. Considérons en particulier la France. Les plaines y produisent de très beau Froment, mais pas assez pour nourrir toute la population ; aussi dans les contrées montueuses et froides, où la culture de cette céréale est impossible, on a recours en première ligne au Seigle, qui donne un pain serré, brun, lourd, mais en somme préférable à tout autre, celui du Froment excepté bien entendu. La culture du Seigle est à son tour impossible dans les terrains les plus maigres et les plus froids. Une dernière ressource reste alors : c'est l'Orge, la plus robuste des céréales, qui remonte dans les montagnes jusqu'au voisinage des neiges et peut se cultiver même dans le climat glacé de l'extrême nord de l'Europe. Il faudrait goûter le triste pain d'Orge pour trouver le nôtre bon, pour le trouver friandise exquise même sans accompagnement de beurre, de confitures ou de miel.

Dans la majeure partie du monde, le Froment, répandu partout par le commerce, ne fournit du pain qu'à la table des riches. Le reste de la population ne connaît pas en général cette nourriture, ne l'a jamais vue ; à peine en a-t-elle entendu parler comme d'une rare curiosité. Diverses céréales remplacent le Froment. L'Amérique a le Maïs ;

---

1. On appelle céréales, du nom de Cérès, déesse des moissons, les diverses plantes qui font le sujet de ce chapitre.

l'Afrique, le Millet; l'Asie, le Riz. Dans l'Inde et la Chine, le peuple n'a guère d'autre nourriture que du riz cuit à l'eau avec un peu de sel. La moitié du monde entier s'alimente à peu près de même.

La plante qui produit le riz a une tige semblable à celle du blé; mais au lieu de se terminer par un épi dressé, elle porte au sommet un gracieux panache de rameaux faibles et pendants, tout chargés de graines. Les feuilles ont la forme d'étroits et longs rubans, rudes au toucher. Cette plante est aquatique. Pour prospérer, elle doit plonger ses racines dans une vase noyée et déployer son feuillage, la cime fleurie exceptée, au sein même de l'eau. Les bas-fonds marécageux, inondés une partie de l'hiver, conviennent à sa culture. La moisson du riz n'est donc pas notre riante moisson, aux chants du grillon et de l'alouette, parmi les bleuets et les coquelicots; les moissonneurs travaillent au milieu de l'eau boueuse, parfois enfouis jusqu'aux genoux dans une vase noire.

7. Graminées. — On appelle *grāmens* les brins d'herbe si variés d'espèce qui forment le tapis habituel de la terre, prairies, pelouses et gazons. Les céréales se classent avec ces brins d'herbe et de foin dont elles ont la structure. L'ensemble de toutes ces plantes forme la famille des *Graminées*, c'est-à-dire la famille des gramens.

8. Chaume des Graminées. — La tige des Graminées est creuse, avec des nœuds pleins de distance en distance. On lui donne le nom de *chaume*. Arrêtons-nous un instant sur l'art admirable qui préside à la structure de cette tige. La connaissance d'un beau principe de mécanique nous est ici nécessaire.

Nous avons, je suppose, dix kilogrammes de fer, ni plus ni moins, à notre disposition ; et il s'agit de façonner ce fer en une tige longue d'un mètre et douée de la plus grande résistance possible à la rupture. Quelle forme d'abord donnerons-nous à la tige métallique? La ferons-nous triangulaire, ronde, carrée? De savants calculs établissent que, pour lui donner le plus de solidité, il faut la faire ronde.

Ce point établi, la ferons-nous pleine ou creuse? Les mêmes calculs répondent qu'il faut la faire creuse, car alors seulement elle résistera le plus possible. C'est donc avec la forme ronde et creuse qu'une quantité déterminée de matière résiste le mieux à la rupture. Sur certains chemins de fer sont des ponts tubulaires, énormes poutres creuses en fer, à l'intérieur desquelles les convois circulent pour traverser les fleuves. Quelle est la puissance qui les empêche de fléchir quand gronde dans leur canal le tonnerre des convois en marche? C'est la puissance de la forme tubulaire, la puissance de la forme creuse.

Or la vie fréquemment utilise la forme ronde et creuse pour obtenir, avec peu de matière, des organes très résistants. Les ailes de l'oiseau fouettent l'air dans le vol. Les plumes de ces rames aériennes doivent être d'une grande légèreté afin de ne pas entraver le vol par un excès de poids; elles doivent être très fermes, à leur insertion dans les chairs surtout, afin de suppléer par la vigueur du coup d'aile à la faible résistance de l'air, et de ne pas fléchir sous les chocs réitérés. Le but est admirablement atteint avec la forme ronde et creuse de la base des plumes.

Tous les os longs de la machine animale, os des pattes, des ailes, des jambes, os pour saisir, marcher, grimper, voler, courir, nager, sont encore construits d'après le même principe. Pour être à la fois légers et résistants, de structure économique et cependant solide, ils affectent la forme ronde et creuse.

Le Froment porte son lourd épi à l'extrémité d'une tige assez longue pour mettre la moisson à l'abri des souillures du sol, assez menue pour croître en touffes serrées sans gêner les voisines, assez rigide pour soutenir le poids du grain, assez élastique pour fléchir sous le vent sans péril de rupture. Cette réunion de qualités précieuses résulte de la forme ronde et creuse de la paille.

De distance en distance, le chaume est, en outre, garni de nœuds qui le fortifient; de ces nœuds partent les feuilles dont la base, en forme de gaine, enveloppe la tige et en augmente encore la solidité. Toutes ces délicates précautio-

ne sont pas encore suffisantes : le chaume est incrusté, d'un bout à l'autre, d'une matière minérale très dure ; il est cimenté, pétri de silice, cette même matière qui forme **les** cailloux. Il serait impossible d'imaginer une structure plus savante.

Aussi voyez avec quelle aisance l'épi, alourdi par le

Fig. 237. — Forêt de bambous.

grain, est porté par le chaume, si fluet cependant que, sans une structure toute particulière, il fléchirait sous son propre poids ; voyez avec quelle gracieuse souplesse, quelle élasticité, se courbent, quand le vent souffle, les tiges d'un blé mûr. Alors la blonde moisson se soulève et s'affaisse, ondule en imitant les vagues de la mer.

Une tige creuse, garnie de distance en distance de nœuds

qui interrompent la cavité centrale ; des feuilles à base en-
gainante partant de ces nœuds, une substance imprégnée
de silice, tels sont donc les caractères généraux du *chaume,*
tige des Graminées. Dans quelques espèces des pays chauds
l'abondance de la silice est telle, que le chaume étincelle
sous le briquet comme la pierre à fusil et le caillou. Certains bambous, gigantesques Graminées tropicales, ont des
chaumes assez volumineux pour que chaque tronçon de
tige compris entre deux nœuds constitue un véritable ba-
rillet d'une seule pièce, propre à contenir les liquides.

TROISIÈME PARTIE

CRYPTOGAMES

CHAPITRE PREMIER

FOUGÈRES, PRÈLES, MOUSSES.

1. Cryptogames. — Dans les végétaux supérieurs, dico-tylédones et monocotylédones, la semence contient un germe où se distingue un commencement de plante, savoir, une gemmule, une radicule, un ou deux cotylédons. De plus, cette semence provient d'une fleur plus ou moins bien pour-vue de calice, de corolle, d'étamines, de pistil. Dans les végétaux inférieurs, qu'il nous reste à étudier, la semence consiste en un tout petit granule, sans distinction de parties, sans radicule, sans gemmule, sans cotylédons, ce qui a fait donner à ces végétaux le nom d'*acotylédones*, c'est-à-dire dépourvus de cotylédons. Pareille semence, si simple de structure et si différente de la graine ordinaire, porte le nom de *spore*. Les spores sont d'une finesse extrême, on ne peut les voir sans microscope.

En outre, dans les acotylédones, les fleurs manquent, ou plus exactement ce qui produit les spores n'a rien de commun, pour la structure, avec ce que nous ont montré les habituelles fleurs. Ici plus de calice, plus de corolle, plus d'étamines, plus de pistil, mais des pièces construites de toute autre façon, quoique remplissant des rôles ana-logues pour la production des semences qui doivent pro-pager et multiplier la plante. Pour ce motif, on donne aux végétaux inférieurs le nom de *Cryptogames*, signifiant *fleurs cachées*, fleurs introuvables pour le regard qui cherche les habituelles fleurs.

2. **Fougères**. — En tête des Cryptogames sont les *Fougères*, dans nos régions humbles plantes, d'une paire de mètres au plus de hauteur, souvent de quelques pouces. Leur tige est réduite à une courte souche rampant sous terre ; mais dans les archipels des mers équatoriales, les Fougères deviennent des arbres d'un port comparable à celui des Palmiers. Leur tige s'élance d'un seul jet, sans ramifications, à quinze ou vingt mètres de hauteur, et secouronne au sommet d'une touffe d'énormes feuilles élégamment découpées.

Les feuilles des Fougères, si différentes des feuilles ordinaires, se nomment *frondes*. Dans le jeune âge, elles sont roulées en crosse. A la face inférieure, elles portent les semences ou spores, groupées très régulièrement en petits amas bruns, ayant tantôt la forme circulaire, tantôt la forme d'un trait droit ou sinueux. Les Fougères affectionnent la fraîcheur et l'ombre. Les vieux murs humides, les fourrés sombres des forêts, les rochers ombragés au bord des ruisseaux, sont leur demeure de prédilection. Si elles manquent de fleurs, elles ne plaisent pas moins au regard par l'élégance de leur feuillage.

Fig. 238.
Portion
de fronde de
Fougère.

L'espèce la plus grande de nos pays est la *Fougère aigle,* ainsi nommée parce que sur la section de sa tige souterraine se voit une tache brune qui rappelle grossièrement l'aigle à deux têtes de certaines armoiries. Elle s'élève à hauteur d'homme et infeste les terrains maigres des pays granitiques.

Les mêmes pays ont la *Fougère mâle*, dont les frondes d'un demi-mètre de hauteur fournissent de gracieuses touffes. Sa souche, d'odeur désagréable, est d'abord douceâtre au goût, puis amère. Réduite en poudre, on l'emploie pour combattre le ténia, ce ver parasite en forme de

ruban dont nous avons raconté l'étrange histoire en parlant des animaux.

3. **Prêles**. — Dans tous les terrains limoneux se rencontre la *Prêle* ou *Queue-de-cheval* facilement reconnaissable à ses tiges formées de pièces articulées et engainées bout à bout, à ses rameaux également articulés
et groupés par réguliers verticilles, enfin à ses organes
propagateurs, consistant en une espèce de cône d'où
s'épanche, à la maturité, une poussière fine comme une
fumée.

Ce cône est formé d'écailles qui s'élargissent en tête
de clou. Sous ces écailles se forment les spores,
reposant chacune sur quatre filaments, qui,
d'abord roulés et tendus à la manière d'un
ressort, se débandent brusquement et lancent
au loin la semence,

La Prêle d'hiver, une des plus grandes,
habite les bois humides et le bord des rivières.
Ses tiges, de quelques pieds de hauteur, sont
d'un vert glauque, très simples, sans ramifications, assez fortement cannelées et divisées
par des anneaux blancs, roussâtres au sommet
et à la base. Sa couche superficielle est imprégnée de silice comme le chaume des Grami-

Fig. 239.
Prêle.

nées ; de là résulte une certaine âpreté qui
fait employer la Prêle pour polir le bois et les métaux. On
l'utilise jusque dans nos cuisines pour écurer les vases de
cuivre.

4. **Mousses**. — Ces élégants petits végétaux, ornement
des rochers, des murs en ruines, des vieux arbres, sont
abondamment répandus partout, suspendant leur végétation en temps de sécheresse, reprenant leur vigueur quand
vient la pluie.

Leur appareil de fructification est des plus élégants.
C'est une *urne*, portée à l'extrémité d'un *pédicelle*,
plus délié qu'un cheveu. L'urne est coiffée d'une fine
membrane en forme de capuchon ou d'éteignoir, nommé
coiffe ; son entrée est fermée par un couvercle, appelé

opercule; sa cavité contient une impalpable poussière formée de myriades de spores.

Quand les spores sont mûres, l'opercule se détache et l'orifice reste béant, mais habituellement entouré d'une collerette de denticulations rayonnantes, qui s'étalent si le temps est sec et propice à la dissémination, ou bien se rassemblent et ferment l'entrée si l'air est humide. Cette bordure denticulée prend le nom de *péristome*, qui veut dire autour de la bouche.

Parmi les mousses de nos pays, la plus remarquable à cause de l'ampleur de son urne est le *Polytric*, qui vient en abondance dans les régions granitiques. Son pédicelle est rougeâtre, raide comme un crin et acquiert deux décimètres et plus de hauteur. Sa grande coiffe, en forme d'éteignoir, est roussâtre et hérissé de poils dirigés en bas. L'urne est à quatre facettes presque planes.

Fig. 240. — Mousse.

CHAPITRE

CHAMPIGNONS, LICHENS, ALGUES

1. Champignons. — Cette famille comprend un très grand nombre d'espèces fort différentes entre elles par leurs formes, leurs dimensions, leurs manières de vivre, et pour la plupart inconnues des personnes qui n'en font pas une étude spéciale. C'est ainsi que la science reconnaît pour champignons ces innombrables moisissures, de

tout aspect, de toute couleur, qui viennent sur les matières
en décomposition. Si curieuses qu'elles soient, si redoutables parfois, comme le prouve l'Oïdium, l'ennemi de la
grappe de la Vigne, nous passerons sous silence ces
espèces infimes, pour nous occuper exclusivement des
végétaux qui, dans le langage vulgaire, portent le nom
de *champignon*. Dans cette catégorie se trouvent des
espèces usitées comme aliment, ainsi que des espèces vénéneuses, qu'une fatale méprise peut faire si facilement
confondre avec les premières.

La forme la plus commune d'un champignon est celle
d'un parasol déployé. On y distingue le *chapeau* et le
pied. Le chapeau est la partie supérieure, tantôt étalé
en disque plus ou moins aplati, tantôt façonné en dôme,
tantôt un peu creusé en entonnoir. Le pied est le support,
la tige du parasol. Deux principaux genres revêtent cette
forme : les *Agarics* et les *Bolets*.

Les Agarics ont le dessous du chapeau couvert de nombreuses et minces lames régulièrement disposées et
rayonnant du centre ou du pied à la circonférence. A la
surface de ces lames se forment les corpuscules propagateurs, les semences des champignons, en un mot les
spores. Elles sont tellement fines, qu'on ne peut les voir
une à une qu'avec le secours du microscope, et tellement nombreuses, qu'on essayerait vainement d'en
faire la supputation.

Pour observer les spores en masse, il suffit de mettre
un Agaric fraîchement épanoui sur une feuille de papier,
les lames en bas. Du jour au lendemain, il tombe des
lames sur le papier une poussière farineuse excessivement fine, en entier composée de spores. Cette poussière
est tantôt blanche, tantôt rose, tantôt roussâtre suivant
l'espèce d'Agaric. Si l'on prend un peu de cette poussière,
avec la pointe d'une aiguille, pour l'examiner au microscope, on la trouve composée d'une infinité de corpuscules
arrondis.

On donne le nom d'*hyménium* à la surface qui, dans
les champignons, donne naissance aux spores. L'hymé-

nium des Agarics est constitué par l'ensemble des lames.

Dans les *Bolets*, la partie qui produit les spores ou l'hyménium, se compose d'une couche de tubes très fins disposés à côté l'un de l'autre perpendiculairement au chapeau. La face inférieure de celui-ci est criblée d'une multitude d'orifices, habituellement très étroits, qui sont les ouvertures des tubes. Rien n'est donc plus facile que de distinguer un Bolet d'un Agaric. Donnons un coup d'œil au-dessous du chapeau. Ce dessous est-il formé de lames rayonnantes, le champignon est un Agaric; est-il criblé de petit trous, le champignon est un Bolet.

En germant dans un lieu favorable, une spore donne naissance à des filaments blancs, entre-croisés, qui portent le nom de *mycélium*. Ce réseau filamenteux, situé ordinairement sous terre, échappe habituellement à notre observation. On en voit des lambeaux dans les tas de feuilles pourries, parmi les débris végétaux, et dans la terre enveloppant la base des pieds de champignons. On le trouve encore, régulièrement étalé, sur les surfaces humides et obscures, sur les planches des caves, par exemple. Le mycélium est une plante souterraine qui n'apporte au jour que ses extrémités aptes à fructifier et analogues aux fleurs des autres végétaux. Ces extrémités fructifiées, ces fleurs du végétal souterrain, ne sont autre chose que les champignons.

Divers champignons sont un poison mortel, d'autres sont une nourriture exquise. Or, à moins de connaissances botaniques spéciales, fruit d'une longue étude, il est absolument impossible de distinguer un champignon comestible d'un champignon vénéneux, car aucun n'a de marque qui puisse dire : Ceci se mange, et ceci ne se mange pas. Ni la nature du terrain, ni les arbres au pied desquels ils viennent, ni leur forme, ni leur coloration, leur goût, leur odeur, ne peuvent en rien nous renseigner et nous permettre de distinguer, à première vue, ceux qui sont inoffensifs de ceux qui sont vénéneux.

Ce qui est malfaisant dans les champignons, ce n'est pas

la chair, c'est le suc dont elle est imprégnée. Faisons partir ce suc, et les propriétés vénéneuses disparaîtront du coup. On y parvient en faisant cuire dans l'eau bouillante, avec une bonne poignée de sel, les champignons coupés par tranches, frais ou secs indifféremment. On les met égoutter dans une passoire, on les lave à plusieurs reprises avec de l'eau froide. Cela fait, on les prépare de telle façon qui nous convient.

Si au contraire les champignons sont préparés sans être préalablement cuits à l'eau bouillante et salée, nous nous exposons au danger d'un suc vénéneux. Ces faits sont mis hors de doute tant par les usages adoptés en certaines provinces que par les expériences tentées sur eux-mêmes par de courageux observateurs.

La règle à suivre dans l'usage des champignons est donc celle-ci :

1° *A moins de connaissances botaniques certaines, n'admettre que les espèces reconnues bonnes dans le pays que l'on habite.*

2° *Pour se prémunir contre toute chance d'erreur, faire cuire les champignons à l'eau bouillante largement additionnée de sel.*

3° *Le liquide provenant de ce traitement doit être rejeté. Les champignons cuits sont égouttés et plusieurs fois lavés à l'eau froide. On les prépare alors de la manière que l'on veut.*

Si dans le nombre il se trouvait des espèces vénéneuses, on peut être certain que ce traitement les aura rendues inoffensives. Avec ces précautions scrupuleusement suivies, on peut affirmer, en toute certitude, que ne se reproduiront plus ces lamentables accidents dont on a, toutes les années, de nombreux exemples.

a. **Champignons de couche ou Agaric champêtre.** — Ce champignon a le chapeau lisse, satiné, le plus souvent blanc, parfois jaunâtre ou légèrement roussâtre. La chair est blanche, épaisse, ferme, d'une saveur agréable. Le pied est entouré d'un *anneau*, reste d'une membrane ou *voile* qui recouvrait au début les lames. Celles-ci sont d'abord d'une couleur rose tendre ou vineuse, puis brunes et finalement noires.

L'Agaric champêtre croît, en automne, dans tous les terrains. On le trouve, solitaire ou par petits groupes, dans les bois peu couverts, les friches, les pâturages, les jardins, les tas de fumier et de terreau. Il porte vulgairement le nom de *Champignon de couche*. C'est l'espèce dont on fait le plus fréquemment usage et la seule que l'on soit parvenu à cultiver. Avec du fumier bien pourri, on compose une couche dans laquelle on introduit des fragments de mycélium, vulgairement *blanc de champignon*. Ainsi établie, dans un lieu frais et sombre, la couche ne

Fig. 241. — L'Agaric champêtre.

Fig. 242. — Le Bolet comestible.

tarde pas à produire. Presque toutes les vieilles carrières de Paris renferment de pareilles cultures, produisant une immense quantité de champignons.

b. **Cèpe de Bordeaux ou Bolet comestible.** — Le traitement préalable par l'eau bouillante et salée est inutile avec l'Agaric champêtre, champignon complètement inoffensif; il en est de même avec le *Bolet comestible* ou *Cèpe de Bordeaux*. Ce bolet a le chapeau large, voûté, épais, tantôt brun, rouge cendré, tantôt blanchâtre ou jaunâtre. Le pied est gros, quelquefois ventru avec des lignes en réseau. Les tubes sont d'abord blancs, puis jaunâtres. La chair est blanche et ne bleuit pas quand on la froisse. Ce champignon devient parfois énorme et atteint jusqu'au poids de trois kilogrammes. On le trouve dans tous les pays et dans tous les bois, en automne.

c. **Truffe.** — Les *Truffes* sont des champignons souter-
rains, arrondis, dont la chair est marbrée de veines. C'est
dans ces veines que se forment les spores. La *Truffe noire*,
la plus estimée de toutes, est ronde, noire ou grise, dépourvue de toute espèce de racine ; sa surface est relevée
de petites éminences ou verrues à facettes. Quand elle est
jeune, elle est blanche à l'intérieur ; dans son état de développement complet, elle est noirâtre et marbrée de veines d'un blanc roussâtre.

Les Truffes viennent au voisinage d'un grand nombre
d'arbres très différents, mais principalement des Chênes
et des Châtaigniers. Elles préfèrent les terrains argileux,

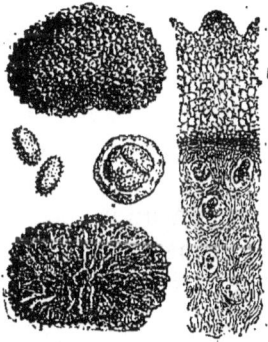

Fig. 243. — La Truffe.
Section, fragment grossi et spores.

Fig. 244.
Lichen sur une écorce

mêlés de sable et de parties ferrugineuses, où la chaleur
et la pluie pénètrent facilement. Les Truffes du Périgord
sont les plus estimées. On en fait la recherche à l'aide du
porc ou mieux du chien, dont le subtil odorat découvre
sous terre le champignon parfumé.

2. Lichens. — Les *Lichens* ont des formes très variées.
Les uns prennent la configuration d'une croûte, étalée sur
l'écorce des arbres ou même sur le roc le plus dur ; d'autres consistent en expansions membraneuses, flexibles par
un temps humide, cassantes par un temps sec ; d'autres
encore ressemblent à une crinière de grossiers filaments

ou bien à de petits buissons de quelques pouces de hauteur.

Tous prennent leur nourriture en très grande partie dans l'air, aussi sont-ils fort indifférents sur la nature de leur support. Le sable aride, le bois mort, les écorces, les rochers nus, leur conviennent également.

Leur robusticité leur fait supporter les plus grandes variations de climat : telle espèce qui prospère dans les sables brûlants de l'Afrique, se retrouve sous les neiges des pôles. Ce sont les Lichens qui pénètrent le plus avant dans les régions polaires et qui montent le plus haut sur les montagnes. Quand toute autre végétation est devenue impossible sur un sol glacé, quelques Lichens se montrent encore, tapissant les rochers de leurs croûtes.

Ils ne résistent pas moins à la sécheresse. Par un ciel aride, qui les racornit et les rend cassants, ils cessent de végéter ; quand l'humidité revient, ils reprennent vie, aussi vigoureux que jamais.

Fig. 245.
Fucus.

Les organes de la fructification consistent en petits disques, tantôt un peu convexes, tantôt un peu creux, nommés *scutelles*, dans l'épaisseur desquels sont rangés, côte à côte, de délicats sachets contenant chacun quatre spores. Les scutelles sont parés généralement d'une autre couleur que le reste du Lichen.

Parmi les espèces remarquables, citons le *Lichen des rennes*, dont la forme est celle d'un petit buisson grisâtre. Il est très commun partout, notamment dans l'extrême nord, où il sert, pendant l'hiver, d'habituelle nourriture au renne, l'animal domestique des Lapons. Le *Lichen d'Islande* a la forme de lanières brunâtres; on en fait une gelée utilisée en médecine.

3. **Algues**. — Les *Algues* sont des Cryptogames aquatiques. Dans les eaux stagnantes de nos fossés, de nos étangs, cette famille est représentée par les *Conferves*, consistant en longs filaments verts qui, groupés en abondantes touffes, flottent à la surface ou tapissent le fond.

Mais c'est surtout dans les eaux de la mer qu'abondent les Algues, désignées alors sous le nom de *Fucus*. Elles se fixent sur le roc par un empâtement de leur base, sans y puiser de quoi vivre. C'est l'eau qui les nourrit et non le sol. Il y en a qui ressemblent à des lanières visqueuses, à des rubans plissés, à de longues crinières; il y en a qui prennent la forme de petits buissons touffus, de molles houppes, de panaches onduleux; il y en a de déchiquetées en lambeaux, de roulées en lame spirale, de façonnées en gros fils glaireux.

Leur coloration, très variable, est tantôt d'un vert olive, tantôt d'un rose tendre, d'un jaune de miel, d'un **rouge** vif. C'est parmi les Algues marines que se trouvent les végétaux de plus grande longueur; on en cite qui mesurent jusqu'à un demi-kilomètre.

Parmi les Algues utilisées, mentionnons l'espèce dite vulgairement *Mousse de Corse;* c'est un précieux vermifuge.

FIN

TABLE DES MATIÈRES

FIN DE LA TABLE DES MATIÈRES

PARIS. — IMPRIMERIE ÉMILE MARTINET, RUE MIGNON, 2

www.ingramcontent.com/pod-product-compliance
Lightning Source LLC
Chambersburg PA
CBHW072306210326
41519CB00057B/2922